国家中等职业教育改革发展示范学校建设成果系列教材

冷菜造型艺术

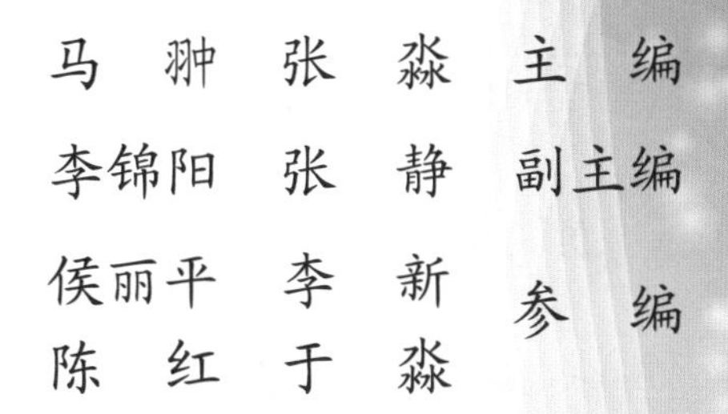

马　翀　张　淼　主　编

李锦阳　张　静　副主编

侯丽平　李　新　陈　红　于　淼　参　编

中国铁道出版社有限公司

CHINA RAILWAY PUBLISHING HOUSE CO., LTD.

内 容 简 介

本书是中等职业学校烹饪专业配套教材。

全书共四个模块，包括：盘饰制作、水果拼盘制作、食品雕刻制作、冷菜拼盘制作。本书吸纳了当代烹饪造型、色彩、用料、口味和谐统一的优秀作品，体现了盘饰、水果拼盘、食品雕刻和冷菜拼摆的实用性、先进性。特别强化了艺术在烹饪技术学习中的运用，注重对从业者饮食审美情绪的培养，重点突出应用性和时代性。各模块后均配有模块评价表，方便学生进行评测。本书体例新颖，图文并茂，语言浅显易懂，可操作性强。

本书可作为中等职业学校学生用书，也可作为岗位培训教材和烹饪爱好者的自学用书。

图书在版编目（CIP）数据

冷菜造型艺术 / 马翀，张淼主编. —北京：中国铁道出版社，2014.6 （2019.8 重印）
国家中等职业教育改革发展示范学校建设成果系列教材
ISBN 978-7-113-18553-4

Ⅰ. ①冷… Ⅱ. ①马… ②张… Ⅲ. ①凉菜－造型－中等专业学校－教材 Ⅳ. ①TS972.114

中国版本图书馆CIP数据核字(2014)第096114号

书　　名：冷菜造型艺术
作　　者：马　翀　张　淼　主编

策　　划： 李中宝　蔡家伦
责任编辑： 李中宝　何　佳
封面设计： 芦治锜
封面制作： 刘　颖
责任校对： 汤淑梅
责任印制： 郭向伟

出版发行： 中国铁道出版社有限公司（100054，北京市西城区右安门西街 8 号）
网　　址： http://www.tdpress.com/51eds/
印　　刷： 三河市兴博印务有限公司
版　　次： 2014 年 6 月第 1 版　　2019 年 8 月第 4 次印刷
开　　本： 787mm×1092mm　1/16　**印张：** 8　**字数：** 197 千
书　　号： ISBN 978-7-113-18553-4
定　　价： 28.00 元

编审委员会

前言

FOREWORD

“生活艺术化，艺术生活化。”是艺术传承的法则之一，“冷菜造型艺术”是中国饮食文化之一，也是一种饮食艺术。中华饮食文化绵延千年而成环球饮食奇葩，烹饪拼摆艺术并非一朝一夕所形成的，其拼摆艺术作品原料源自自然蔬果等，因为富含水分，不易保存，故而只能作一时的欣赏。它不像木雕、石雕能长久保存，因此在历史上的记载极为有限。据少量史料记载，在我国历史上文艺全盛的唐、宋时代，蔬果雕刻艺术已经初具雏形，只是当时并不普遍，唯有王公贵族的豪宴之中才能见识到利用瓜果切雕的各种菜肴装饰品，以供来客吃食欣赏，所以蔬果切雕艺术可以说是一种昌盛时期民生富裕之下的饮食文化产物。

时至今日，人民饮食的目的由果腹、饱足而演变至细品慢尝，饮食过程进一步走向精致化，所谓“食不厌精，脍不厌细”，烹饪艺术拼摆就演变成为餐饮包装的艺术。无论是家庭套餐还是大宴小酌，搭配盘式、果盘、冷拼绝对不仅仅只是锦上添花，而是具有营造就餐氛围与提升美感的作用。与其酒酌耳热、狼吞虎咽，不知所食为何，不如享受精美的饮食文化，尤其是具有艺术装点效果的烹饪冷菜。

我国是一个历史悠久的多民族国家，有着丰富的饮食文化内涵。中华民族的烹饪文化源远流长，以选料广、技法众多、口味多变、品评多元化等特点在国际上享有盛誉。

“冷菜造型艺术”项目课程教材可以看作是对烹饪教材编写模式改革的一种探索，该教材以项目课程为主线，采取模块化的编写体例，以任务驱动式完成课堂教学。教材内容围绕餐饮企业目前比较流行的菜品及岗位特点进行阐述和安排，同时采取教材体例模块化、模块内容项目化、项目结构程式化的编写模式。

本书由马翀、张淼任主编，李锦阳、张静任副主编。侯丽平、李新、陈红、于淼参与了编写。本教材最大的特点是在烹饪项目课程开发的基础上，编写的项目课程试用教材。项目课程是指以工作岗位项目为单位，以工作任务为载体，以职业技术能力为基础，以学生素质与现代餐饮企业烹饪岗位相适应的技术实践能力为主要内容，以实训活动和实习为重要形式，多种课程形态相结合的课程。本教材的显著特征是融学习过程与实践、训练为一体，凸显实用性、创新性、逻辑性和多样性。

当然，烹饪专业项目课程的开发还处于探索阶段，尚需要我们继续探究。本套系列教材只是目前烹饪专业课程改革前一阶段的物化成果，还有许多未完善的地方，尚需要我们共同努力，逐步完善，真正使我们培养的烹饪人才成为餐饮企业的栋梁。

编 者

2014年1月

目录

CONTENTS

模块一　盘饰制作

模块二　水果拼盘制作

模块三　食品雕刻

模块四　艺术冷菜拼摆

模块一

盘饰制作

盘饰，是指菜肴的盘边装饰，又称围边、镶边，就是把蔬菜、水果等原料切或雕成一定形状后摆放在菜肴周围或中间，利用其造型与色彩对菜肴进行装饰、点缀的一种方法。由于部分盘饰只是在盘的一边或一角进行装饰，这种盘饰方式也被称为盘头，盘头在西式菜肴中应用较为普遍。菜肴盘饰能够起到美化菜品、增强食欲、营造情趣、烘托气氛的作用，在现代餐饮中有着独特的地位。

用于盘饰的原料主要是一些符合食品安全卫生且具有可食性的水果、蔬菜。随着西式餐点传入中国，新式菜肴盘饰中也引进了花草、巧克力等原料，推动了围边技术的创新。目前，盘饰的常用原料有黄瓜、心里美萝卜、胡萝卜、青萝卜、白萝卜、柠檬、莴笋、玉米笋、芦笋、西芹、香菜叶、韭菜花、法香、西红柿、彩色辣椒、大葱、洋葱头、椰菜、南瓜、冬瓜、西瓜、哈密瓜、木瓜、香瓜、橙子、菠萝、樱桃、猕猴桃、提子、橄榄、圣女果、火龙果、蛇果、草莓、玫瑰花、月季花、马兰花、情人草、天冬草、芒叶、田兰、石斛兰、各种颜色的果膏、巧克力酱等，有的还要用到淀粉、薯粉、鸡蛋及其他辅助材料等。

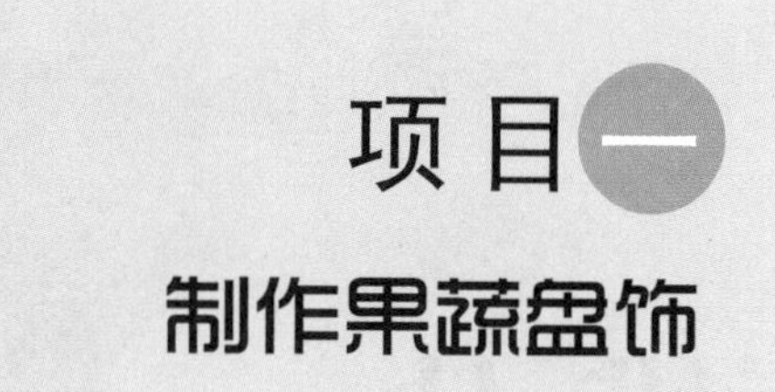

项目一 制作果蔬盘饰

任务一 制作环绕型盘饰——《鱼趣》

学习目标

1. 知识：掌握水果蔬菜盘饰选料、刀工切配、拼摆的原则。

2. 技能：通过教师、同学及网络的帮助，感受实际工作中果蔬盘饰制作的一般工作流程，学会表达解决问题的过程和方法。

3. 态度：培养学生卫生意识，熏陶学生的美感，以及提升团队协作能力。

效果展示

环绕型盘饰是指以菜肴为主，将装饰点缀物沿盘边排放。围成的形状一般是几何图案，如圆形、三角形、菱形等。环绕型盘饰适用于单一口味的菜肴，一般适宜放置滑炒等菜肴。

效果分析

（1）将黄瓜皮雕刻出鱼鳍和鱼尾的形状。

（2）用 1/2 黄瓜切片围成鱼身。

（3）用胡萝卜丝制作鱼头。

（4）用小番茄和黄瓜片制作鱼眼。

相关知识

为了更好地完成本任务，应明确制作果蔬盘饰所使用的用具、原料，并熟悉相关技术要求。

（一）用具

（1）水果蔬菜专用刀具：制作果蔬盘饰要采用不锈钢材质的刀具，以免刀具生锈污染原材料。

（2）水果蔬菜专用砧板。

（3）盛装器皿。

（4）其他用具：一次性塑料手套、专用手巾板。

（二）原料

（1）黄瓜：体态竖直，瓜皮呈深绿色，横切面直径为 5 cm 左右。

（2）红辣椒：体态竖直，颜色鲜艳。

（3）胡萝卜：挑选时要仔细观察胡萝卜的外表有没有裂口、虫眼等。主要挑外表光滑，没有伤痕的。

（三）技术要求

（1）切配各种原料要薄厚均匀一致。

（2）成品色彩搭配丰富饱满。

（3）拼摆要紧密，造型美观。

技能训练

（1）练习用雕刻刀把黄瓜皮雕刻成鱼鳍和鱼尾的形状。

（2）练习将胡萝卜切成均匀的细丝。

（3）练习将 1/2 黄瓜切成 0.1 cm 的片。

效果达成

（1）清洗原料。将原料用水清洗干净后，用无污染的干手巾擦干。

（2）取皮色鲜绿的大黄瓜皮 1 块，以雕刻刀切成鱼背鳍形。

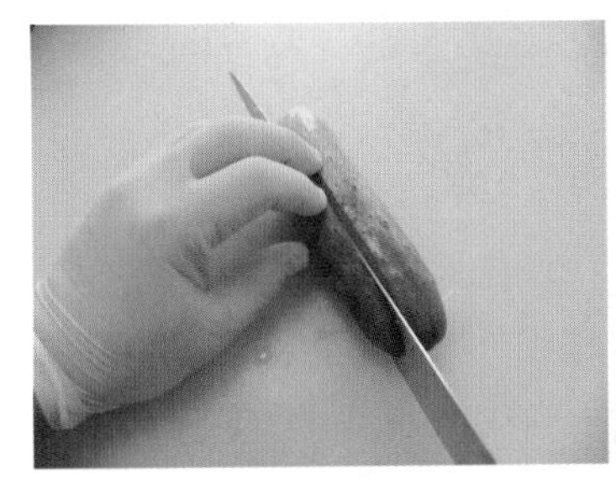
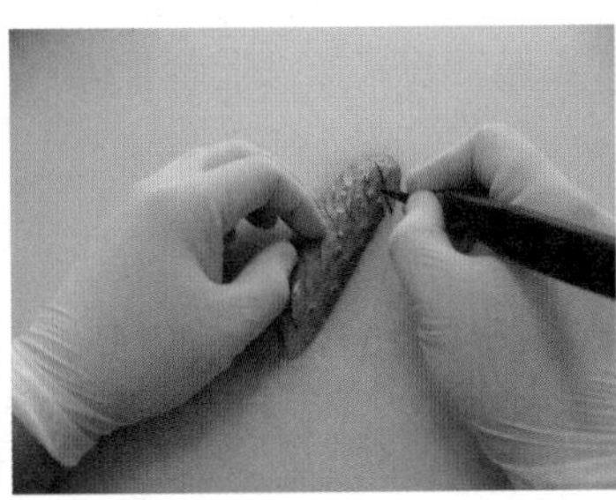

（3）背鳍切雕好后，再用雕刻刀以一刀直刀、一刀斜刀切取其纹路。

（4）取另一块黄瓜皮，切成腮部鱼鳍。

（5）腮部鱼鳍切雕好后，以圆槽刀雕一半圆形，再以一刀直刀、一刀斜刀切取纹路。

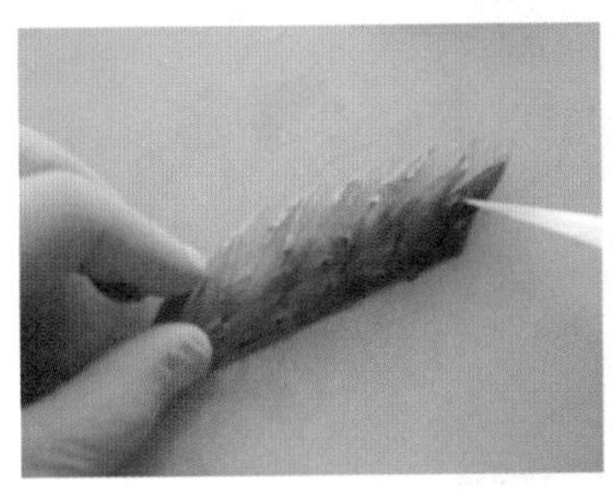

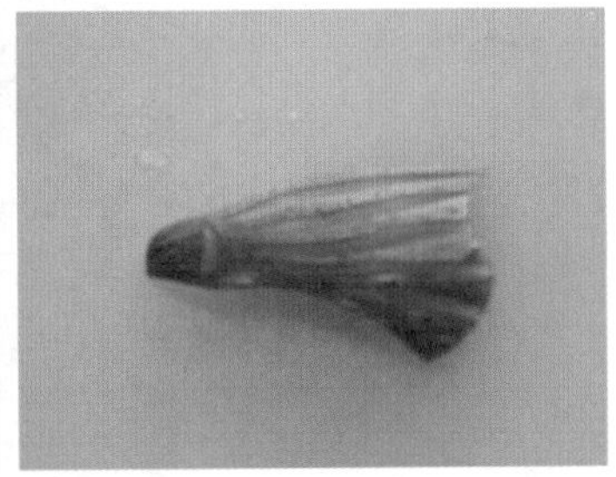

（6）再取另一片黄瓜皮切成鱼的尾部，并以圆槽刀雕出两排鳞片状。

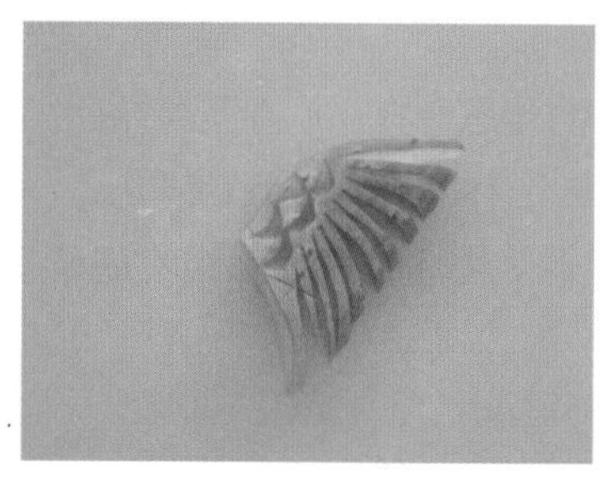

（7）将紫茄子切成尖条型，胡萝卜切丝备用。

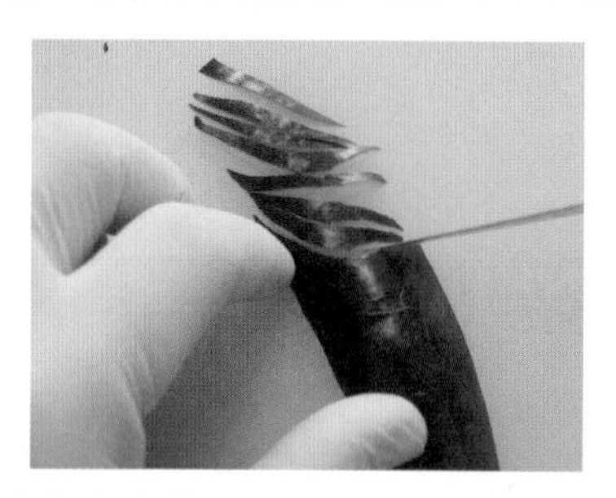
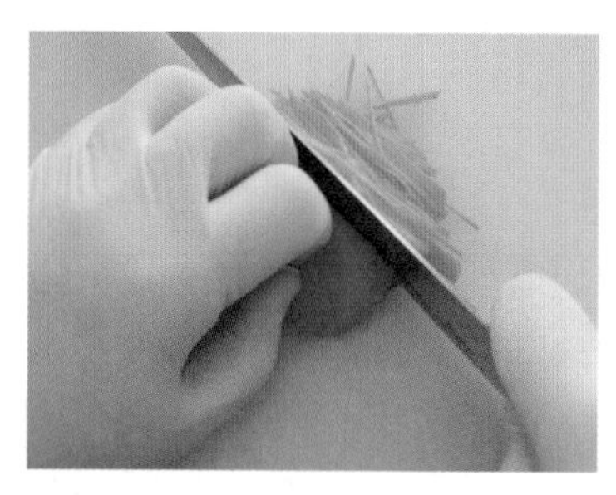

（8）取半长条大黄瓜，切 0.1 cm 薄片围在盘边形成鱼身。

（9）以胡萝卜丝堆成鱼的脸部，再以雕刻刀将小黄瓜片切雕成鱼嘴，再将刚刚雕刻好的鱼鳍（紫茄子）摆到相应的位置。用切成段的红辣椒放在鱼嘴前，形成鱼吐出的气泡。

（10）卫生清理。将剩余的蔬菜用保鲜膜包好，放入保鲜冰箱中，清理砧板，清理刀具，清理操作台卫生。

效果超越

请同学在课后利用本节课所制作环绕型盘饰的技术，根据不同形状的盛器制作盘饰。

任务二　制作边角型盘饰——《富贵花开》

学习目标

1. 知识：了解水果蔬菜盘饰选料、刀工切配、拼摆的原则。

2. 技能：通过了解实际工作中果蔬盘饰制作的一般工作流程，学会表达解决问题的过程和方法。

3. 态度：培养学生食品卫生意识，熏陶学生的美感，以及提升团队协作能力。

效果展示

边角型盘饰是指以菜肴为主体，在盘子的一角装饰点缀。边角型盘饰适用菜肴类型的范围比较广泛，对菜肴的造型限制较少。

效果分析

(1)将紫皮茄子用雕刻刀制作成花的形状。

(2) 将黄瓜切成梳子片。

(3) 将黄瓜顶切成圆片，用红辣椒加以点缀。

相关知识

为了更好地完成本任务，应明确制作果蔬盘饰所使用的用具、原料，并熟悉相关技术要求。

(一) 用具

(1) 水果蔬菜专用刀具：制作果蔬盘饰要采用不锈钢材质的刀具，以免刀具生锈污染原材料。

(2) 水果蔬菜专用砧板。

(3) 盛装器皿。

(4) 其他用具。一次性塑料手套、专用手巾板。

(二) 原料

(1) 黄瓜：体态竖直，瓜皮呈深绿色，横切面直径为 5 cm 左右。

(2) 茄子：体态竖直，颜色呈鲜艳紫色。

(3) 法香：新鲜的，翠绿色。

(4) 桃红染料。

(三) 技术要求

(1) 雕刻茄子时下刀要深浅一致，每一刀要刻到茄子的中心位置。

（2）成品色彩搭配丰富饱满。

（3）拼摆要紧密，造型美观。

技能训练

（1）练习用雕刻刀把紫皮茄子雕刻成花的形状。

（2）练习梳子片的切制方法。

（3）练习将黄瓜顶刀切成厚度均匀的圆片。

效果达成

（1）清洗原料。将原料用水清洗干净后，用无污染的干手巾擦干。

（2）取皮色鲜艳的 8 cm 长茄子一段，以雕刻刀切雕出锯齿状。切雕时头尾需各留 1 cm，下刀时刀深需至茄子中心。

（3）全部锯齿切雕完毕后，再以雕刻刀切取表皮约 0.1 cm，注意底部 0.3 cm 不可切断。

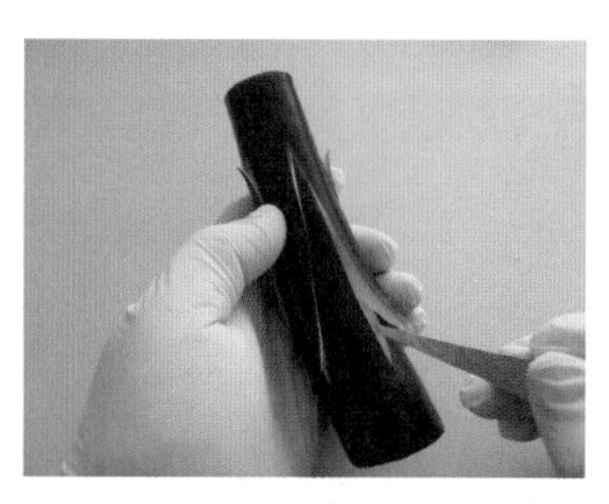

（4）以同样的手法，切取另一块茄子，切取完毕后，染成桃红色备用。

（5）取大黄瓜 1/4 长条 1 条，先以雕刻刀去籽，去籽后，将大黄瓜表皮朝上，以大刀切除头部一斜块，再以斜度 45° 切取薄片 0.1 cm，前 4 刀不断，至第 5 刀切断。

（6）切取完毕，以雕刻刀在不断的地方片取黄瓜表皮 0.1 cm，但尾端不切断。

（7）切好后，以手翻折里面 5 片，然后泡清水使之硬挺，备用。

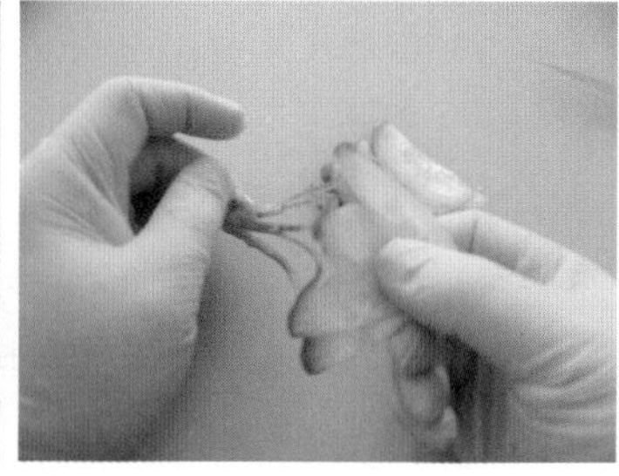

（8）大黄瓜折好后排于盘子的一边。再以小黄瓜切圆薄片及半圆薄片排于盘子另一边，红辣椒去籽，摆在小黄瓜片上。

（9）再摆入茄子花，点缀少许法香即成。

(10) 卫生清理。将剩余的蔬菜用保鲜膜包好，放入保鲜冰箱中，清理砧板，清理刀具，清理操作台卫生。

效果超越

请同学在课后利用本节课所制作边角型盘饰的技术，根据不同形状的盛器制作盘饰。

任务三　制作象形式盘饰——《金鱼》

学习目标

1. 知识：掌握水果蔬菜盘饰选料、刀工切配、拼摆的原则。

2. 技能：通过教师、同学及网络的帮助，感受实际工作中果蔬盘饰制作的一般工作流程，学会表达解决问题的过程和方法。

3. 态度：培养学生卫生意识，熏陶学生的美感，以及提升团队协作能力。

效果展示

象形式是指运用各种刀具和特殊的操作手法将盘饰原料制作成象形的图案。象形式可以分为平面象形式和立体象形式。

效果分析

1. 象形式盘饰分类

(1) 平面象形式。指用排放、拼装等手法将盘饰原料制作成各种平面象形的图案。如鱼形、公鸡形等，适宜放置滑炒类菜肴。

(2) 立体象形式。指用雕刻、排放、拼装等手法将盘饰原料制作成各种立体象形式的图案。例如小鸟造型、龙形等，适宜放置的菜肴类型较为广泛。

2. 注意事项

（1）切配各种原料要薄厚均匀一致。

（2）成品色彩搭配丰富饱满。

（3）拼摆要紧密，造型美观。

相关知识

为了更好地完成本任务，应明确制作果蔬盘饰所使用的用具、原料，并熟悉相关技术要求。

（一）用具

（1）水果蔬菜专用刀具：制作果蔬盘饰要采用不锈钢材质的刀具，以免刀具生锈污染原材料。

（2）水果蔬菜专用砧板。

（3）盛装器皿。

（4）其他用具：一次性塑料手套、专用手巾板。

（二）原料

（1）黄瓜：体态竖直，瓜皮呈深绿色，横切面直径为 5 cm 左右。

（2）西红柿：需要选择桃形的西红柿，尖头可以更好地表现出鱼嘴。

（三）技术要求

（1）切配各种原料要薄厚均匀一致。

（2）成品色彩搭配丰富饱满。

（3）拼摆要紧密，造型美观。

技能训练

（1）练习将 1/2 黄瓜斜刀切成厚度均匀的薄片。

（2）练习用雕刻刀把黄瓜皮雕刻成水草的形状。

效果达成

（1）清洗原料。将原料用水清洗干净后，用无污染的干手巾擦干。

（2）取大黄瓜一段，以大刀直切为二，再直切去掉有籽的部分，以大刀切取数片 0.1 cm 的薄片作为金鱼尾巴。

（3）西红柿一个分成四份。用大刀切取表皮外圆，作为金鱼头部及身体，用雕刻刀切雕金鱼嘴形，再取小块黄瓜切片作为金鱼背鳍及胸鳍，红辣椒分别作为眼睛及鳃部。

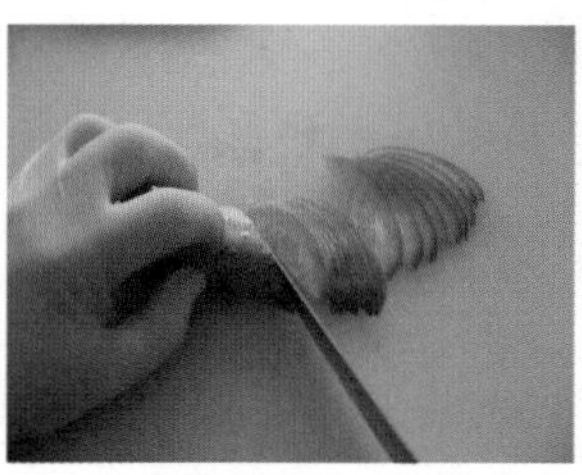
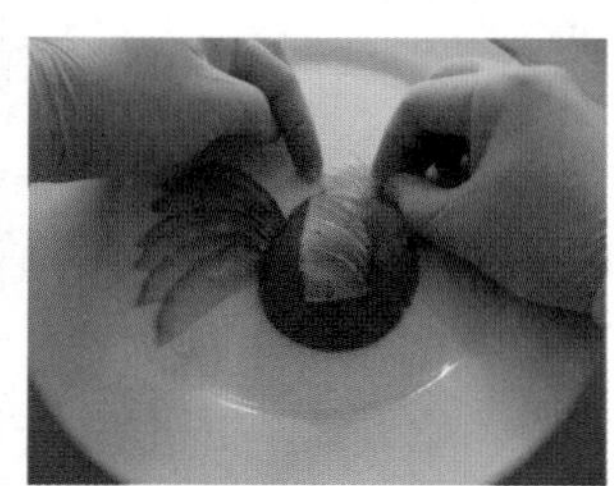

（4）片取厚约 0.5 cm 的大黄瓜皮，以雕刻刀切雕出柔软的水草形。

（5）水草切雕好之后，在其表皮以直刀、斜刀切出装饰纹路，备用。

（6）先小心排放金鱼于盘中，水草以雕刻刀片取两个，加深层次，排盘。红辣椒以雕刻刀切成圆圈片，排盘做成鱼吐泡泡即成。

（7）卫生清理。将剩余的蔬菜用保鲜膜包好，放入保鲜冰箱中，清理砧板，清理刀具，清理操作台卫生。

效果超越

请同学在课后利用本节课所制作象形式盘饰的技术，根据不同形状的盛器制作盘饰。

项目二

制作手绘盘饰

任务一　制作对角线构图盘饰——《桃花》

学习目标

1. 知识：掌握对角线构图盘饰的用具、材料、手法以及构图方法。

2. 技能：通过教师、同学及网络的帮助，感受实际工作中对角线构图盘饰制作的一般工作流程，学会盘饰制作中的点、线画法。

3. 态度：培养学生卫生意识，熏陶学生的美感。

效果展示

对角线构图法是将图案画在位于盘子对角线的位置上。这种画法，一般是将两三种菜肴堆摆在对角线的两侧，或是直接将菜肴摆在对角线上，使菜肴和画面成为一个整体。

效果分析

在盘上画画与在纸上画画不同，由于果酱画的主要原料是黏性较大的果膏、果酱、巧克力酱等，所以不适合用毛笔作画（用毛笔无法在盘上画出流畅的线条），画盘画最常用的手法是“挤”，要靠压力将酱汁从容器中挤到盘上，所以要控制好画时的力度和速度。

相关知识

为使菜品更加美观，并且顺利地完成本任务，应明确制作手绘盘饰所使用的用具、原料，并熟悉相关技术要求。

（一）用具

（1）果酱壶：果酱壶可以用废弃的色素瓶子代替，具体做法是：将瓶子洗净，然后用酒精灯将瓶子的尖嘴部分烤软、捏细，再用细竹签插出合适的小孔即可。

（2）绿色和粉红色果膏、巧克力酱。

（3）牙签。

（4）盛装菜品的平盘。

（5）其他用具：专用手巾板。

（二）技术要求

（1）构图得当。

（2）成品色彩搭配丰富饱满。

技能训练

（1）练习用果酱壶画出流畅的线条，包括直线和曲线。

（2）练习用手指蘸部分巧克力酱在盘上画出各种形状。

效果达成

（1）清洗盘子。将盘子用水清洗干净后，用无污染的干手巾擦干。

（2）用酱汁笔画出黑色曲线。

（3）用手指蘸粉红色果酱画出桃花。

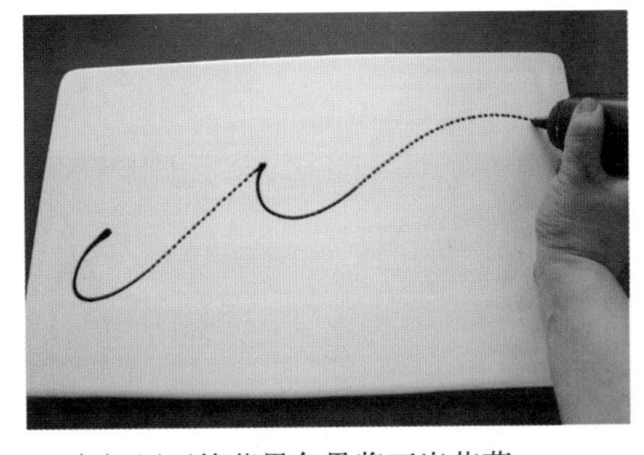

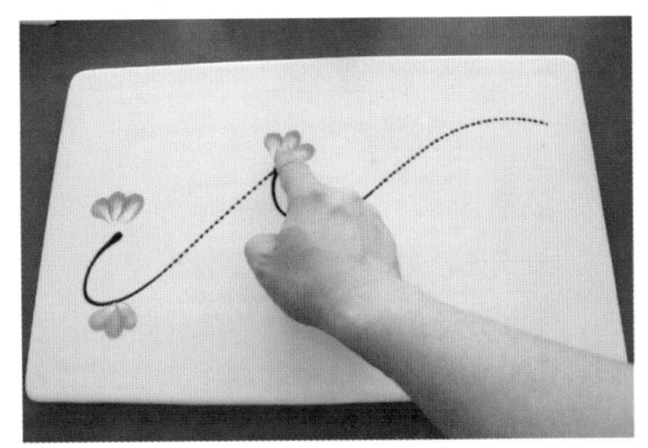

（4）用牙签蘸黑色果酱画出花蕊。

（5）用绿果酱点出绿芽。

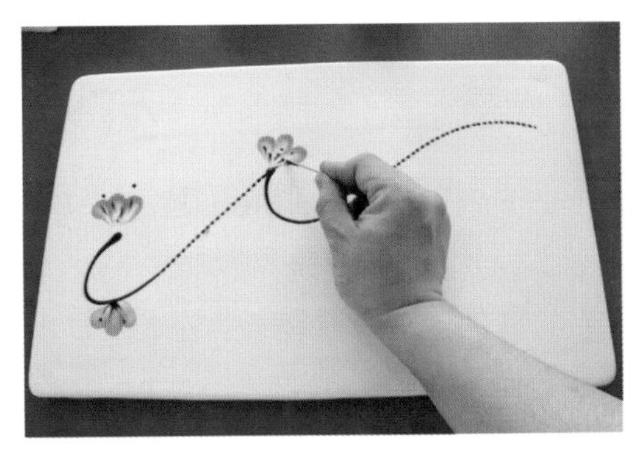

（6）用牙签蘸黑色果酱点出连接处，整理完成。

（7）卫生清理。将果酱壶放入保鲜冰箱中，清理操作台卫生。

效果超越

请同学在课后利用本节课制作对角线构图盘饰技术，根据不同形状的盛器制作不同的盘饰。

任务二　制作盘角构图盘饰——《秋菊》

学习目标

1. 知识：掌握盘角构图盘饰的用具、材料、手法以及构图方法。

2. 技能：通过教师、同学及网络的帮助，感受实际工作中盘角构图盘饰制作的一般工作流程，学会用果酱画的工具和手指画的工具。

3. 态度：培养学生卫生意识，熏陶学生的美感，以及提升团队协作能力。

效果展示

盘角构图法是将图案画在方形或长方形盘子的一角。在正规宴会上，客人都是在圆形餐桌旁就餐的，所以应当将图案画在盘子的左上角比较适宜，可以不影响客人夹菜就餐。

效果分析

先画出秋菊的花心，然后画花瓣，再画出枝干，最后用抹的方法画出叶子，注意画面的比例，不宜画得过多过大过于烦琐。

相关知识

为使菜品更加美观，并且顺利地完成本任务，应明确制作手绘盘饰所使用的用具、原料，并熟悉相关技术要求。

（一）用具

（1）果酱壶。

（2）黄色和粉红色果膏、巧克力酱。

（3）棉签。

（4）盛装菜品的平盘。

（5）其他用具：专用手巾板。

（二）技术要求

（1）构图得当。

（2）成品色彩搭配丰富饱满。

技能训练

（1）练习用棉签蘸橙色果酱画花心。

（2）练习秋菊枝干的画法。

（3）练习用抹的方法画出叶子的效果。

效果达成

（1）清洗盘子。将盘子用水清洗干净后，用无污染的干手巾擦干。

（2）用棉签蘸橙色果酱画出菊花的花心。

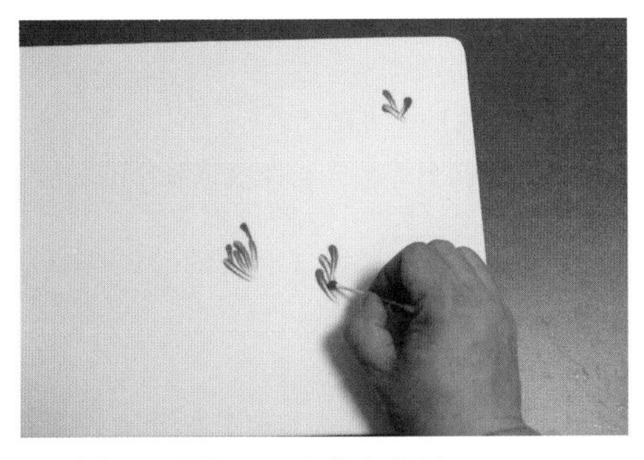

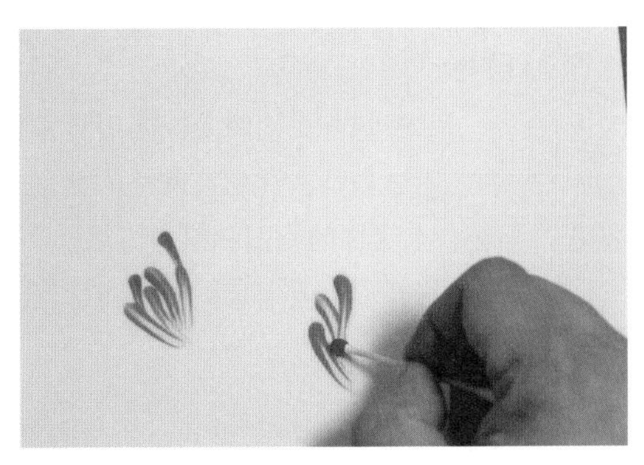

（3）用果酱壶画出黄色花瓣。

（4）再用果酱壶画出黑色枝杆。

（5）用手指画出花叶。

（6）用果酱写上“秋菊”。

（7）卫生清理。将果酱壶放入保鲜冰箱中，清理操作台卫生。

效果超越

请同学在课后利用本节课制作盘角构图盘饰技术，根据不同形状的盛器制作不同的盘饰。

任务三　制作综合式构图盘饰——《雄鸡报晓》

学习目标

1. 知识：掌握综合式构图盘饰的用具、材料、手法以及构图方法。

2. 技能：通过教师、同学及网络的帮助，感受实际工作中综合式构图盘饰制作的一般工作流程，学会复杂盘饰的构图和绘画方法。

3. 态度：培养学生卫生意识，熏陶学生的美感。

效果展示

综合构图是将图案绘制在盘角，所绘内容更加复杂，运用多种技法和构图方法。

效果分析

综合构图盘饰的内容更加复杂，需要有一定的艺术造诣和对果酱画的了解，以及对技法的掌握。

相关知识

为使菜品更加美观，并且顺利地完成本任务，应明确制作手绘盘饰所使用的用具、原料，并熟悉相关技术要求。

（一）用具

（1）果酱壶。

（2）绿色、黄色和红色果膏、巧克力酱。

（3）牙签。

（4）盛装菜品的平盘。

（5）其他用具：专用手巾板。

（二）技术要求

（1）构图得当。

（2）成品色彩搭配丰富饱满。

技能训练

（1）练习用牙签蘸巧克力酱在盘子上画出鸡的头部。

（2）练习用手指蘸些巧克力酱画出羽毛的形状。

效果达成

（1）清洗盘子。将盘子用水清洗干净后，用无污染的干手巾擦干。

（2）用牙签蘸果酱画出公鸡的眼、嘴。

（3）用牙签蘸果酱画出公鸡的脖颈。

（4）用手指蘸果酱画出公鸡的身、腿。

（5）用果酱壶画出尾巴，用牙签画出鸡爪。

(6) 画上红色的鸡冠。

(7) 补画一些树枝即可。

(8) 卫生清理。将果酱壶放入保鲜冰箱中，清理操作台卫生。

效果超越

请同学在课后利用本节课制作综合式构图盘饰技术，根据不同形状的盛器制作不同的盘饰。

项目三

制作鲜花盘饰

任务一　制作鲜花盘饰——《秋韵》

学习目标

1. 知识：掌握制作鲜花盘饰的用具、材料、手法以及构图方法。

2. 技能：感受实际工作中鲜花盘饰制作的一般工作流程，学会表达解决问题的过程和方法。

3. 态度：培养学生卫生意识，熏陶学生的美感，以及提升团队协作能力。

效果展示

鲜花盘饰就是把花草插在澄面、土豆泥以及容器里所做的盘饰。所插的花材，或枝、或花、或叶，均不带根，只是植物体上的一部分，并且不是随便乱插的，而是根据一定的构思来选材，遵循一定的创作法则，插成一个优美的形体（造型），借此表达一种主题，传递一种感情和情趣，使人看后赏心悦目，获得精神上的美感和愉悦。

效果分析

因为菜品放在餐桌上时与客人有一定的距离，产生了一定的角度，所以所做的鲜花盘饰要考虑到这一点，所插的鲜花要以不同的角度展现给客人。

相关知识

为使菜品更加美观，并且顺利地完成本任务，应明确制作鲜花盘饰所使用的用具、原料，并熟悉相关技术要求。

（一）用料、用具

（1）多头小菊花、高山羊齿、情人草。

（2）澄面底座。

（3）盛装菜品的平盘。

（4）其他用具。剪刀、一次性手套、专用手巾板。

（二）技术要求

（1）插入鲜花的角度，构图得当。

（2）成品色彩搭配丰富饱满，突出主题。

技能训练

（1）练习制作澄面底座。

（2）练习将鲜花带有角度地插到澄面底座上。

（3）练习简单的果酱画线条。

效果达成

（1）制作澄面底座。

用料：澄面、100℃的开水。

做法：将100℃的开水渐渐倒入澄面中，同时不断搅拌，然后用推、压、揉的手法将面团和好备用。

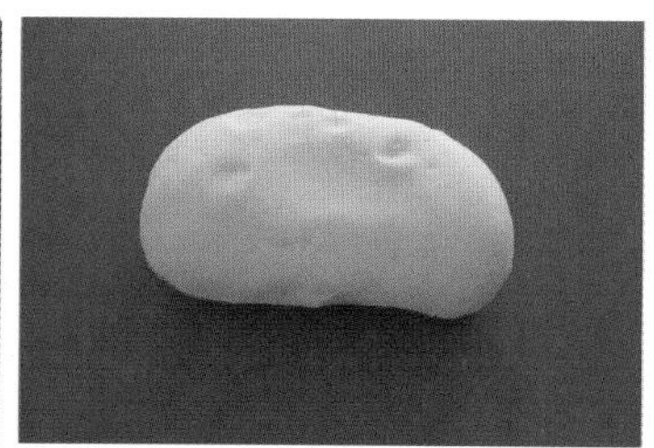

（2）先取一块澄面，将其揉成直径约为3 cm的球。

（3）用食指和大拇指把澄面塑造成圆柱形。

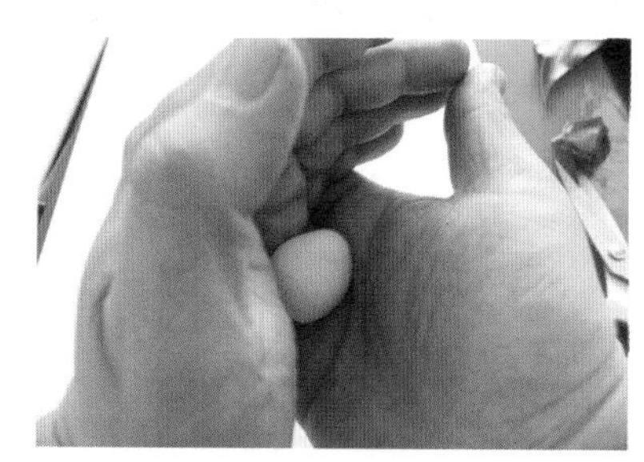
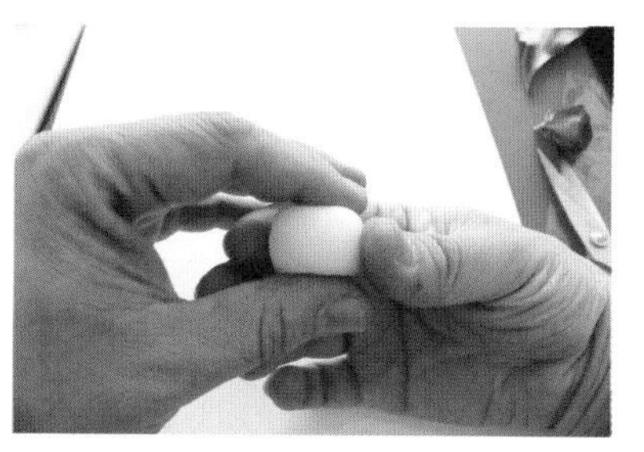

（4）用剪子将多头小菊花、高山羊齿、情人草分别剪下。（注意剪的时候需要留一部分根）

（5）将高山羊齿插到澄面上，位置为圆形表面的1/3处，要有一定的角度。

（6）再将情人草插入澄面，位置要紧靠高山羊齿。

（7）把多头小菊花按高低次序分别插入澄面前 2/3 处。

（8）最后整理，将插好的鲜花放于已经画好装饰线的盘角即可。

（9）卫生清理。将剩余的澄面用保鲜膜包好，鲜花需放入有水的桶中，清理操作台。

效果超越

请同学在课后利用本节课制作鲜花盘饰技术，根据不同形状的盛器制作不同的盘饰。

任务二　制作鲜花盘饰——《百年好合》

学习目标

1. 知识：掌握制作鲜花盘饰的用具、材料、手法以及构图方法。
2. 技能：感受实际工作中鲜花盘饰制作的一般工作流程，学会利用不同的盘画配以鲜花。
3. 态度：培养学生卫生意识，熏陶学生的美感。

效果展示

因为每种鲜花都有它所表达的意义，也就是花的语言，鲜花盘饰《百年好合》所采用的是多头玫瑰，玫瑰象征爱情，再加上情人草的点缀。

效果分析

因为菜品放在餐桌上时与客人有一定的距离，产生了一定的角度，所以所做的鲜花盘饰要考虑到这一点，所插的鲜花要以不同的角度展现给客人。

相关知识

为使菜品更加美观，并且顺利地完成本任务，应明确制作鲜花盘饰所使用的用具、原料，并熟悉相关技术要求。

（一）用具、用料

（1）多头玫瑰、高山羊齿、情人草。

（2）澄面底座。

（3）盛装菜品的平盘。

（4）其他用具。剪刀、一次性手套、专用手巾板。

（二）技术要求

（1）插入鲜花的角度，构图得当。

（2）成品色彩搭配丰富饱满，突出主题。

技能训练

（1）练习制作澄面底座。

（2）练习将鲜花带有角度地插到澄面底座上。

（3）练习简单的果酱画线条。

效果达成

（1）先取一块澄面，将其揉成直径约为 3 cm 的球。

（2）用食指和大拇指把澄面塑造成圆柱形。

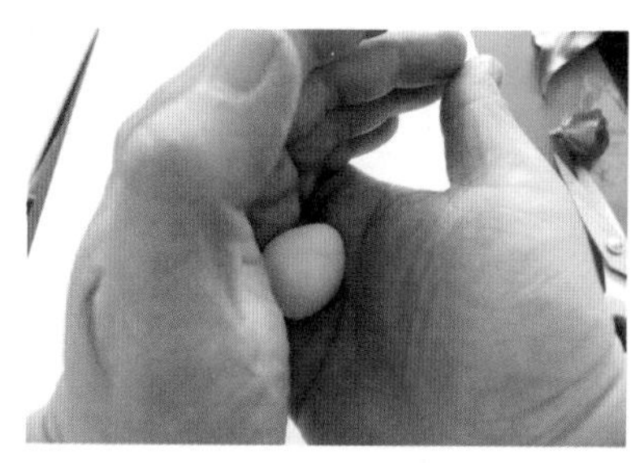

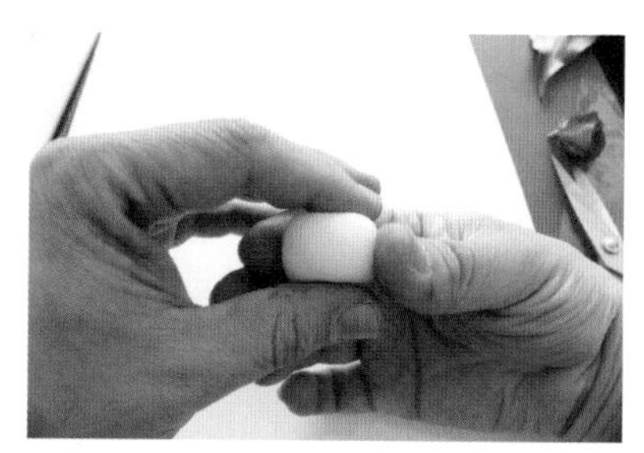

（3）用剪子将多头玫瑰、蓬莱松、情人草分别剪下。（注意剪的时候需要留一部分根）

（4）将蓬莱松插到澄面上位置为圆形表面的 1/3 处，要有一定角度。

（5）再将情人草插入澄面，位置要紧靠蓬莱松。

（6）把多头玫瑰插入澄面前 2/3 处。

（7）最后整理，将插好的鲜花放于已经画好装饰线的盘角即可。

（8）卫生清理。将剩余的澄面用保鲜膜包好，鲜花需放入有水的桶中，清理操作台。

效果超越

请同学在课后利用本节课制作鲜花盘饰技术，根据不同形状的盛器制作不同的盘饰。

任务三　制作鲜花盘饰——《春色》

学习目标

1. 知识：掌握制作鲜花盘饰的用具、材料、手法以及构图方法。

2. 技能：通过教师、同学及网络的帮助，感受实际工作中鲜花盘饰制作的一般工作流程，学会利用较大鲜花制作盘饰。

3. 态度：培养学生卫生意识，熏陶学生的美感，以及提升团队协作能力。

效果展示

鲜花盘饰就是把花草插在澄面、土豆泥以及容器里所做的盘饰。所插的花材，或枝、或花、或叶，均不带根，只是植物体上的一部分，并且不是随便乱插的，而是根据一定的构思来选材，遵循一定的创作法则，插成一个优美的形体（造型），借此表达一种主题，传递一种感情和情趣，使人看后赏心悦目，获得精神上的美感和愉快。

效果分析

因为菜品放在餐桌上时与客人有一定的距离，产生了一定的角度，所以我们所做的鲜花盘饰要考虑到这一点，所插的鲜花要以不同的角度展现给客人。

相关知识

为使菜品更加美观，并且顺利的完成这项任务，应明确制作鲜花盘饰所使用的用具、原料，并熟悉相关技术要求。

（一）用具、用料

（1）多头康乃馨、凤尾葵、情人草。

（2）澄面底座。

（3）盛装菜品的平盘。

（4）其他用具。小刀、剪刀、一次性手套、专用手巾板。

（二）技术要求

（1）插入鲜花的角度，构图得当。

（2）成品色彩搭配丰富饱满，突出主题。

技能训练

（1）练习澄面底座的制作方法。

（2）练习将鲜花带有角度地插到澄面底座上。

（3）练习简单的果酱画线条。

效果达成

（1）先取一块澄面，将其揉成直径约为 3 cm 的球。

（2）用食指和大拇指把澄面塑造成圆柱形。

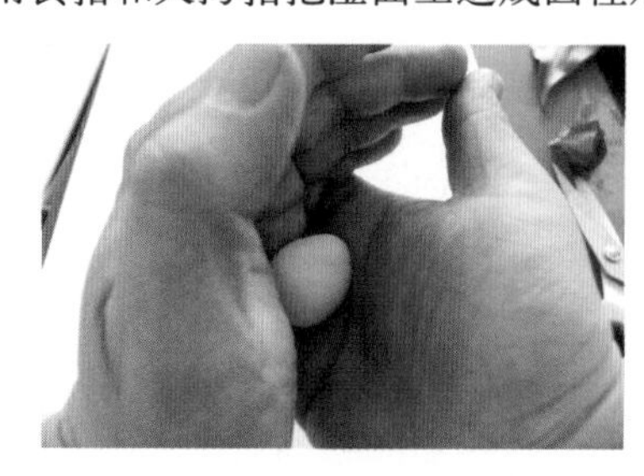

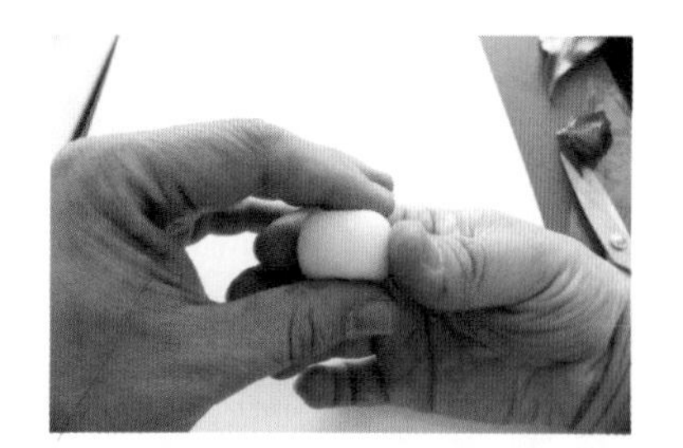

（3）用剪子将多头康乃馨、凤尾葵、情人草分别剪下。（注意剪的时候需要留一部分根）

（4）将凤尾葵插到澄面上，位置为圆形表面的 1/3 处，用小刀将凤尾葵的 2/3 插入澄面中。

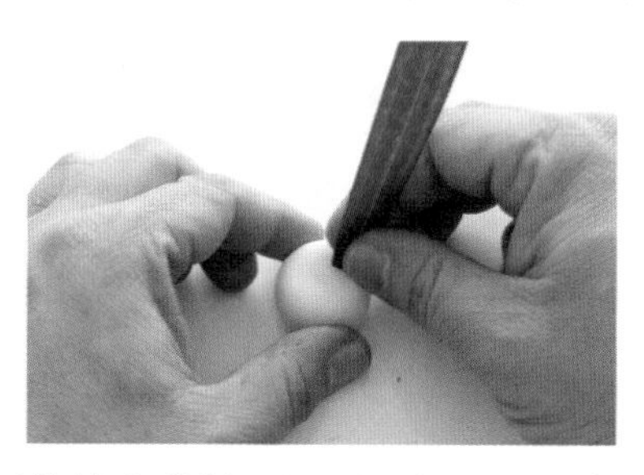

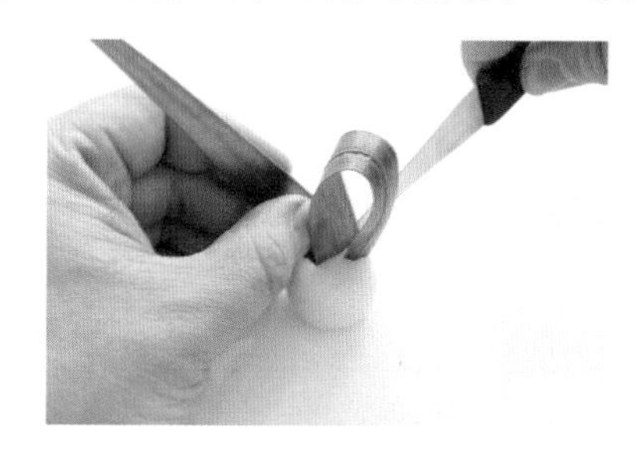

（5）再将情人草插入澄面，位置要紧靠凤尾葵。

（6）把多头康乃馨插入澄面前 2/3 处。

（7）最后整理，将插好的鲜花放于已经画好装饰线的盘角即可。

（8）卫生清理。将剩余的澄面用保鲜膜包好，鲜花需放入有水的桶中，清理操作台。

效果超越

请同学在课后利用本节课制作鲜花盘饰技术，根据不同形状的盛器制作不同的盘饰。

模块评价表

	项　　目	考核标准	配　　分	学生互评得分	教师评价得分
通用项配分（90分）	卫生	合理用料、干净卫生	20		
	色泽	色泽谐调、赏心悦目	20		
	角度	盘饰位于盘中的角度	20		
	造型艺术	造型美观、图案造型新颖美观	30		
特色项配分（10分）	创新性	特色鲜明，作品造型中是否出现创新	10		
合计			100		
否定项	下列情况出现一项，该实训成绩为“0”分： 1. 使用不能食用的原料或色素。 2. 超时5 min以上。 3. 违反实训室安全规定。 4. 违反职业卫生规范				
质量分析					

模块二

水果拼盘制作

水果拼盘就是以各种水果为原料，采用较简单的刀具和刀法将其切雕成具有实体形象的部件，再根据部件的色彩和形状予以组装并摆放于各种形状的器皿中，以达到消食和胃、烘托主题和营造气氛的作用，这种造型艺术，就称做水果拼盘。

从一定意义上讲，水果拼盘是传统果篮华丽转身后的生动再现。较之果篮，水果拼盘无疑更具观赏性和实用性，更能充分体现不同水果的“内在气质”。从美学意义上讲，由于对水果进行了由表及里的技术处理，使得我们不仅能看到其外表，也能观瞻其内在，更能充分、全面地呈现出不同水果本身所具有的特性，如皮质、内瓤、果核、色彩、质地、含水量等，再辅之以刀工切削，任意方圆，可以进一步提升水果与生俱来的美学价值。从营养角度来讲，虽同为水果，但不同种类水果之间的营养价值也是有一定区别的，再加之受到阳光、水质、土质等因素的影响，其营养成分的含量及组配必然会产生差异，因此，健康的生活方式就要求我们均衡营养，尽量全面摄入更多种类的食物，水果拼盘将多种水果拼装在一起，正好与这一健康新理念相吻合。

在以往的筵席、宴会中，水果拼盘只是一种辅助性的食品，而现在水果拼盘已从辅助地位逐渐上升成为重要的组成部分。水果拼盘在筵席中有席前和席后之分，席前的水果拼盘有开胃的功能，而席后的水果拼盘则有帮助消化的功能，即便是筵席、宴会的尾声，也使宾客感到主人的精心周到和尽善尽美，因此水果拼盘已成为各种宴会、筵席中不可缺少的部分。

项目一

例食水果拼盘制作

任务一　制作例食水果拼盘——《扬帆》

学习目标

1. 知识：掌握例食水果拼盘选料、刀工切配、拼摆的原则。

2. 技能：感受实际工作中例食水果拼盘制作的一般工作流程，学会表达解决问题的过程和方法。

3. 态度：培养学生卫生意识，熏陶学生的美感，以及提升团队协作能力。

效果展示

例食水果拼盘造型精小，样式多变，原料用料少但品质要好，刀工处理要精细，盛器以位碟为主，每人一份。

效果分析

1. 选料与构思

要从水果的色泽、形状、口味、营养价值、外观完美度等角度选择水果。水果本身应是成熟的、新鲜的、卫生的。同时注意制作水果拼盘的水果不能过熟，否则会影响加工和摆放。制作水果拼盘不能随便应付，制作前应充分考虑到宴会的主题，使作品更加贴近主题，达到美化宴席、烘托气氛的效果。

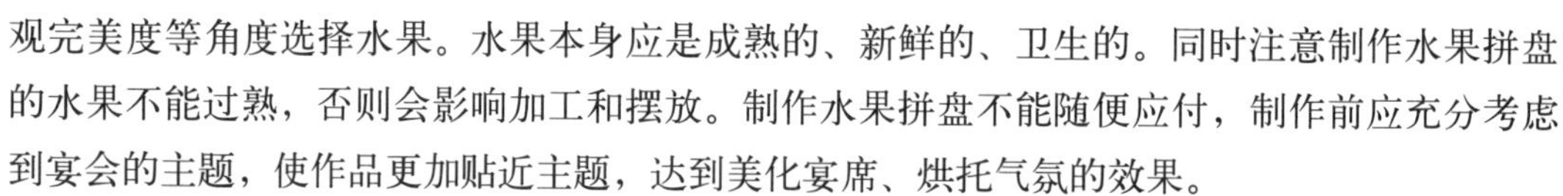

2. 色彩搭配

制作水果拼盘的目的是使简单的不同个体水果通过形状、色彩等几方面艺术性地结合为一个整体，以色彩和美观取胜，从而刺激食客的感官，增进其食欲。水果颜色的搭配一般有“对比色”搭配、“相近色”搭配及“多色”搭配三种。红配绿、黑配白便是标准的“对比色”搭配；红、黄、橙可算是“相近色”搭配；红、绿、紫、黑、白可算是丰富的“多色”搭配。

相关知识

为让宾客满意，并且顺利地完成本任务，应明确制作例食水果拼盘所使用的用具、原料，并熟悉相关技术要求。

（一）用具

（1）水果拼盘专用刀：制作水果拼盘要采用不锈钢材质的刀具，以免刀具生锈污染水果。

（2）水果拼盘专用砧板。

（3）盛装器皿。

（4）其他用具：一次性塑料手套、专用手巾板。

（二）原料

（1）西瓜：花皮瓜类，要纹路清晰，深淡分明，瓜皮滑而硬，将西瓜托在手中，用手指轻轻弹拍，发出“咚、咚”的清脆声，托瓜的手感觉有些颤动为好瓜。

（2）火龙果：火龙果越重，代表汁越多、果肉越丰满，表面红色的地方越红越好，绿色的部分则越绿的越新鲜，若是绿色部分变得枯黄，就表示已经不新鲜了。

（3）猕猴桃：要求体型饱满，果肉紧实。颜色均匀，接近土黄色的外皮，检查表面是否完整，果皮呈黄褐色，有光泽的为佳。

（4）苹果：个大适中、果皮光洁、颜色艳丽、软硬适中、果皮无虫眼和损伤、肉质细密、酸甜适度、气味芳香者为上品。

（5）葡萄。

（三）技术要求

（1）切配各种原料要薄厚均匀一致。

（2）成品色彩搭配丰富饱满。

（3）拼摆要紧密，造型由高至低呈阶梯状。

技能训练

（一）原料去皮

1. 方法

(1) 西瓜。用刀从西瓜瓣尖部入刀，顺势向前推刀顺原料形状将皮去掉。

(2) 火龙果。左手扶稳原料，刀以平片的方法入刀，顺原料向下用力将原料去皮。

(3) 猕猴桃。将猕猴桃对称切半后，果肉朝上，利用下片的方法将其表皮去掉。

2. 注意事项

手要扶稳原料，刀在运行时要紧贴果肉，走刀要稳，这样去皮后的原料果肉表面光滑、无凸凹感。

（二）切配

1. 方法

利用拉刀的方法将去皮后的原料从大头向小头方向切片。

2. 注意事项

切原料时要注意各原料的高度及厚度，方便造型、方便食用。西瓜切成高约 5 cm，厚约 0.6 cm 的片；火龙果切成高约 4 cm，厚约 0.6 cm 的片；猕猴桃切成高约 3 cm，厚约 0.6 cm 的片；苹果切成厚约 0.2cm 的片状配用。

（三）苹果片造型

1. 方法

将切配好的苹果片一手按住一端，另一手顺势捻动另一端，形成扇形，立于盘边。

2. 注意事项

要注意片与片距离不宜过大，否则黏性不足，容易脱落。

（四）拼盘

1. 方法

由高到底依次拼摆原料。先将切配好捻成扇形的苹果片立于盘边。将切配好的西瓜片、火龙果片、猕猴桃片分别立于砧板上向前捻动成层叠状，分别立于盘中，呈阶梯状。

2. 注意事项

拼摆要细腻，各原料之间无缝隙，方可凸显原料。

效果达成

（1）清洗原料。将原料用水清洗干净后，用无污染的干手巾擦干。

（2）将西瓜切成小瓣后去皮。修改成梯形块后顶刀切成高约 5 cm，厚约 0.6 cm 的片状备用。

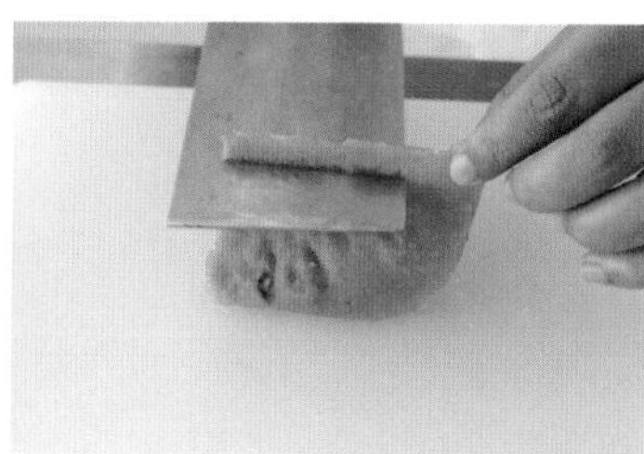
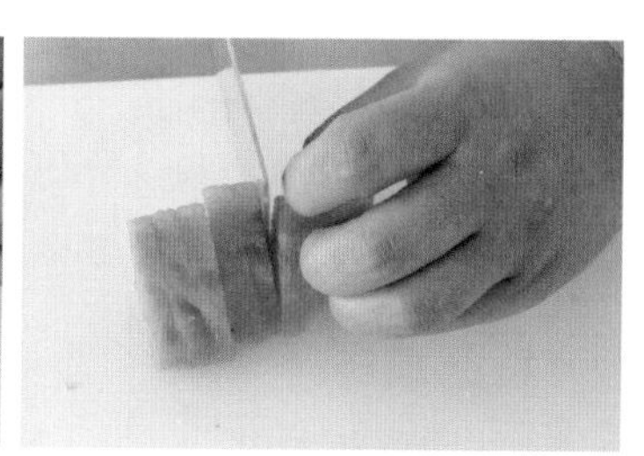

（3）取 1/8 火龙果去皮后，切成高约 4cm，厚约 0.6cm 的片状备用。

（4）将猕猴桃去头尾刨半后去皮，切成高约 3 cm，厚约 0.6 cm 的片状备用。

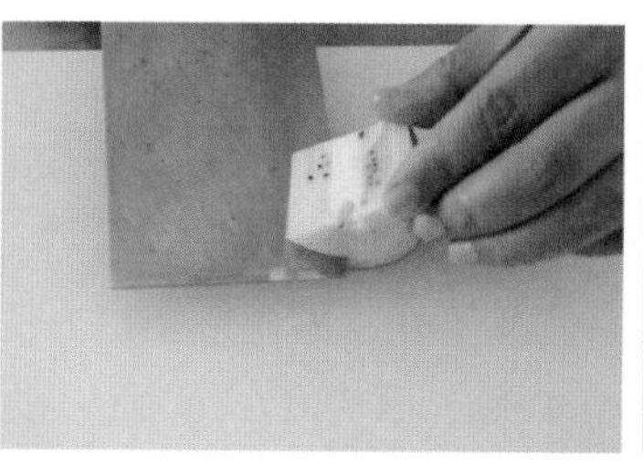

（5）将苹果一侧切下，利用拉刀法切成厚约 0.2 cm 的片状配用。

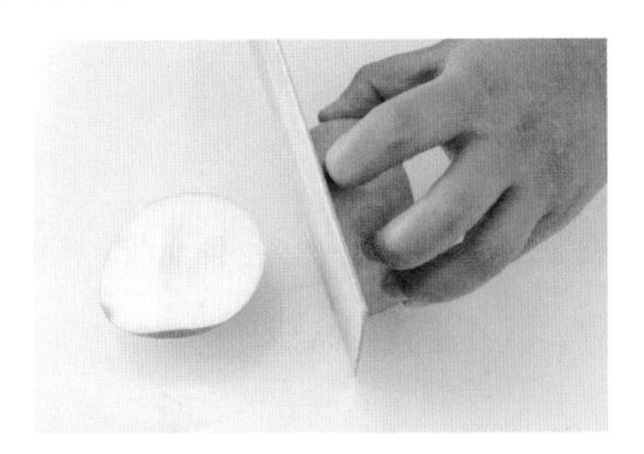
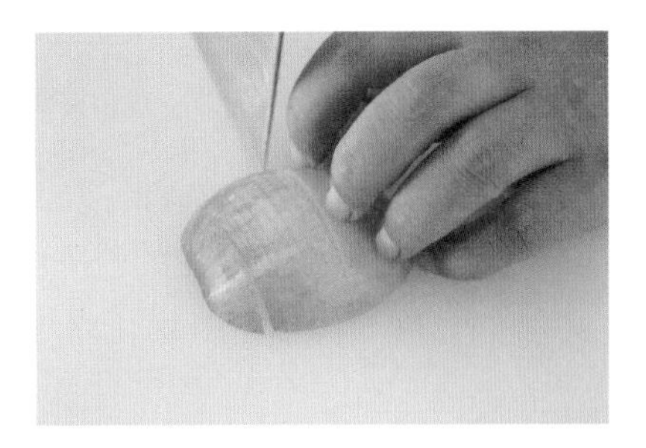

（6）将切配好的苹果片一手按住一端，另一手顺势捻动另一端，形成扇形，立于盘边。

（7）将切配好的西瓜片、火龙果片、猕猴桃片分别立于砧板上向前捻动成层叠状，分别立于盘中。

（8）整理，为使果盘的颜色更鲜明，可以用深色的葡萄粒加以点缀。

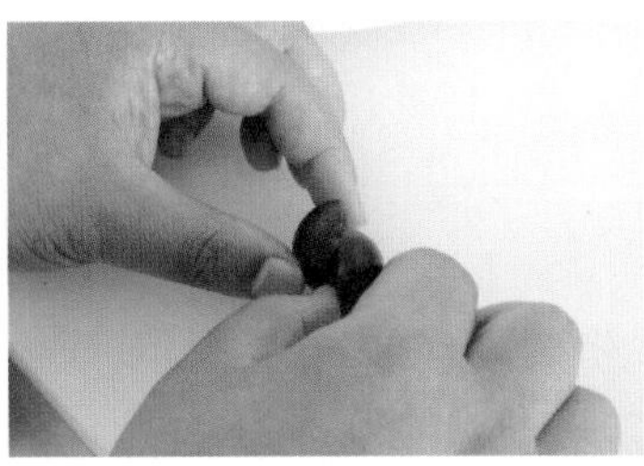

（9）卫生清理。将剩余的水果用保鲜膜包好，放入保鲜冰箱中，清理砧板，清理刀具，清理操作台卫生。

效果超越

请同学在课后利用本节课制作例食的技术，根据不同形状的盛器制作水果拼盘。

任务二　制作例食水果拼盘——《夏日》

学习目标

1. 知识：掌握例食水果拼盘选料、刀工切配、拼摆的原则。
2. 技能：学会例食水果拼盘中的橙子皮的切法和草莓切法。
3. 态度：培养学生卫生意识，熏陶学生的美感，以及提升团队协作能力。

效果展示

此水果拼盘造型中利用草莓和橙子的皮制作装饰，使水果拼盘看上去更加美观，更能增强客人的食欲。

效果分析

1. 选料与构思

首先要从水果的色泽、形状、外观完美度等角度选择水果。其中草莓需要雕刻成羽毛形状，所以要选择新鲜个头稍大一点的，橙子要选择皮薄、水分充足的，这样雕刻出的橙子皮装饰才会美观。

2. 色彩搭配

制作此水果拼盘时，水果颜色的搭配应用“多色”搭配。其中红色的草莓配绿色的猕猴桃、黑色的葡萄配白色的蛇果；红、黄、橙可算是“相近色”搭配。目的是使简单的不同个体水果通过形状、色彩等几方面艺术性地结合为一个整体，以色彩和美观取胜，从而刺激食客的感官，增进其食欲。

相关知识

为让宾客满意，并且顺利地完成本任务，应明确制作例食水果拼盘所使用的用具、原料，并熟悉相关技术要求。

（一）用具

（1）水果拼盘专用刀：制作水果拼盘要采用不锈钢材质的刀具，以免刀具生锈污染水果。

（2）水果拼盘专用砧板。

（3）盛装器皿。

（4）其他用具：一次性塑料手套、专用手巾板。

（二）原料

（1）红蛇果：个大适中、果皮光洁、颜色艳丽、软硬适中、果皮无虫眼和损伤、肉质细密、酸甜适度、气味芳香者为上品。

（2）橙子：要求大小适中，表皮颜色艳丽、无损伤，拿在手中有分量。

（3）猕猴桃：要求体型饱满，果肉紧实。颜色均匀，接近土黄色的外皮，检查表面是否完整，果皮呈黄褐色，有光泽的为佳。

（4）草莓：草莓品种很多，应选择颜色鲜艳均匀，个大适中，无空心的。

（5）葡萄：表皮为紫色，果肉紧实，葡萄枝绿色的表明新鲜。

（三）技术要求

（1）切配各种原料要薄厚均匀一致。

（2）成品色彩搭配丰富饱满。

（3）拼摆要紧密，造型由高至低成阶梯状。

技能训练

（一）原料去皮

1. 方法

（1）橙子。用刀从橙子瓣尖部入刀，顺势向前推刀顺原料形状将皮片开 3/4。

（2）猕猴桃。将猕猴桃对称切半后，果肉朝上，利用下片的方法将其表皮去掉。

（3）红蛇果。将红蛇果对称切半后，果肉朝上，利用下片的方法将其表皮去掉。

2. 注意事项

手要扶稳原料，刀在运行时要紧贴果肉，走刀要稳，这样去皮后的原料果肉表面光滑、无凸凹感。

（二）切配

1. 方法

利用拉刀的方法将去皮后的原料从大头向小头方向切片。

2. 注意事项

切原料时要注意各原料的高度及厚度，方便造型、方便食用。橙子切成 1/6 角，厚约 3 cm; 猕猴桃切成高约 3 cm，厚约 0.7 cm 的片；红蛇果切成厚约 0.2 cm 的片状配用。

（三）苹果片造型

1. 方法

将切配好的红蛇果片一手按住一端，另一手顺势捻动另一端，形成扇形，立于盘边。

2. 注意事项

要注意片与片距离不宜过大，否则黏性不足，容易脱落。

（四）拼盘

1. 方法

由高到底依次拼摆原料。先将切配好捻成扇形的红蛇果片立于盘边。将切配好的猕猴桃片分别立于砧板上向前捻动成层叠状；将刻好的橙子角和草莓、葡萄分别放于盘中，呈阶梯状。

2. 注意事项

拼摆要细腻，各原料之间无缝隙，方可凸显原料。

效果达成

（1）清洗原料。将原料用水清洗干净后，用无污染的干手巾擦干。

（2）将红蛇果分成 1/2 块，去核并去皮、去籽。

（3）将去皮后的红蛇果直刀切成厚度为 4 mm 左右的片。

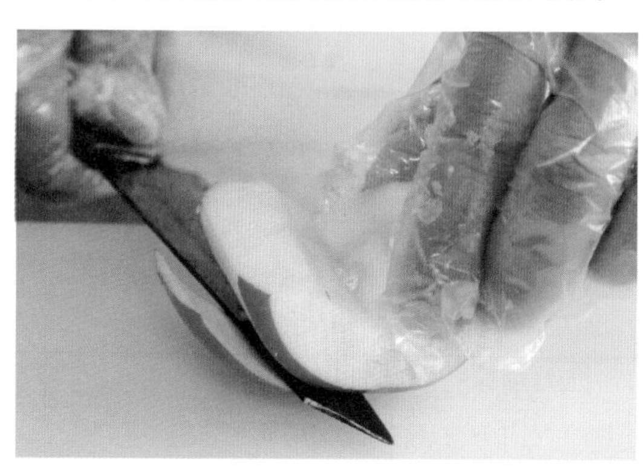

（4）将橙子分成 1/6 块并把橙皮用下片刀法片开 3/4。

（5）把橙皮用划刀法划出花刀。

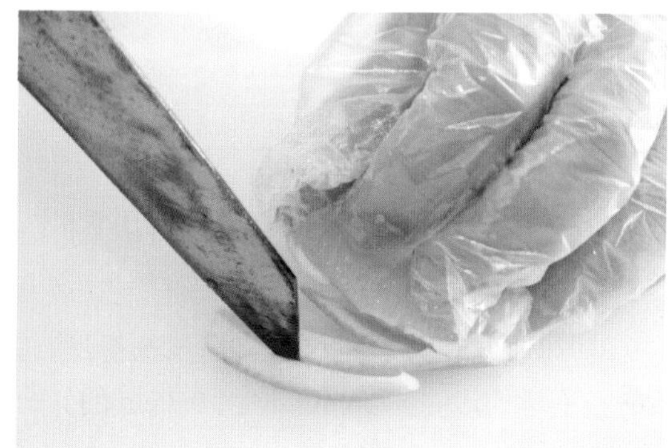

（6）将猕猴桃分成 1/2 块并去皮。

（7）将去皮后的猕猴桃用直刀法切成 7 mm 左右厚的片。

（8）将葡萄皮划出花刀。

（9）将草莓分成 1/2 块并划出花刀。

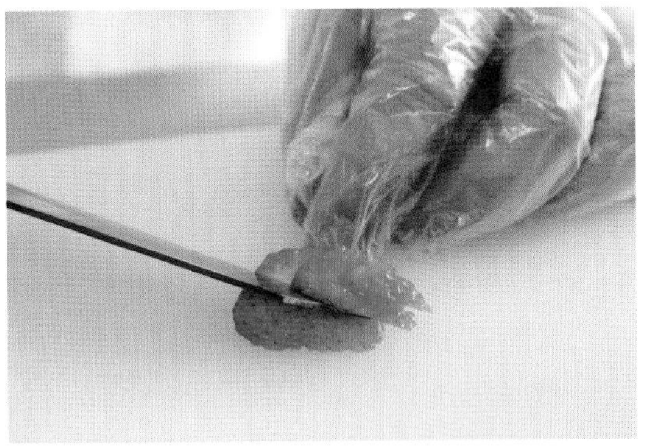

（10）将所有改刀后的水果按一定顺序摆入盘中即可。

（11）卫生清理。将剩余的水果用保鲜膜包好，放入保鲜冰箱中，清理砧板，清理刀具，清理操作台卫生。

效果超越

请同学在课后利用本节课制作例食的技术，根据不同形状的盛器制作水果拼盘。

任务三　制作例食水果拼盘——《田园》

学习目标

1. 知识：掌握例食水果拼盘选料、刀工切配、拼摆的原则。

2. 技能：通过教师、同学及网络的帮助，感受实际工作中例食水果拼盘制作的一般工作流程，学会利用水果特有的形状制作水果拼盘。

3. 态度：培养学生卫生意识，熏陶学生的美感，以及提升团队协作能力。

效果展示

此例食水果拼盘中利用雕刻刀将蛇果角雕刻出花纹，利用杨桃特有的形状与颜色进行装饰，使水果拼盘更加美观。

效果分析

1. 选料与构思

制作前应充分考虑到要水果与水果之间的大小关系，同时还要考虑水果的色泽、形状、口味、营养价值、外观完美度。其中杨桃要选择偏绿色的，形状大小要适当；蛇果需要选择表面光滑没有碰伤的。

2. 色彩搭配

制作此水果拼盘时，使用水果特有的形态特征与水果特有的颜色通过简单的刀工和艺术的拼摆以色彩和美观取胜，从而刺激食客的感官，增进其食欲。此例食水果拼盘中颜色的搭配是“多色”搭配。红色的西瓜、蛇果；绿色的杨桃；紫黑色的葡萄；黄色的哈密瓜，可算是丰富的“多色”搭配。

相关知识

为让宾客满意，并且顺利地完成本任务，应明确制作例食水果拼盘所使用的用具、原料、并熟悉相关技术要求。

（一）用具

（1）水果拼盘专用刀。制作水果拼盘要采用不锈钢材质的刀具，以免刀具生锈污染水果。

（2）水果拼盘专用砧板。

（3）盛装器皿。

（4）其他用具：一次性塑料手套、专用手巾板。

（二）原料

（1）西瓜：花皮瓜类，要纹路清晰，深淡分明，瓜皮滑而硬，将西瓜托在手中，用手指轻轻弹拍，发出“咚、咚”的清脆声，托瓜的手感觉有些颤动为好瓜。

（2）杨桃：果肉丰满，绿色的部分越绿的越新鲜，若是绿色部分变得枯黄，就表示已经不新鲜了，尤其是杨桃的边。

（3）哈密瓜：哈密瓜品种很多，要选择体型饱满，颜色均匀，表面完整，瓜皮呈绿色，瓜肉为橘黄色的为佳。

（4）红蛇果:个大适中、果皮光洁、颜色艳丽、软硬适中、果皮无虫眼和损伤、肉质细密、酸甜适度、气味芳香者为上品。

（5）葡萄。

（三）技术要求

（1）切配各种原料要薄厚均匀一致。

（2）成品色彩搭配丰富饱满。

（3）拼摆要紧密，造型由高至低呈阶梯状。

技能训练

（一）原料去皮

1. 方法

（1）西瓜。用刀从西瓜瓣尖部入刀，顺势向前推刀顺原料形状将皮去掉。

（2）哈密瓜。左手扶稳原料，刀以平片的方法入刀，顺原料向下用力将原料去皮。

（3）红蛇果。将红蛇果雕刻花纹，然后分离 1/5 果皮，厚度大约 0.6 cm。

2. 注意事项

手要扶稳原料，刀在运行时要紧贴果肉，走刀要稳，这样去皮后的原料果肉表面光滑、无凸凹感。

（二）切配

1. 方法

利用拉刀的方法将去皮后的原料从大头向小头方向切片。

2. 注意事项

切原料时要注意各原料的高度及厚度，方便造型、方便食用。西瓜切成高约 5 cm，厚约 0.6 cm 的片；杨桃切成厚约 0.6cm 的片；哈密瓜切成滚刀块，厚约 2 cm; 红蛇果切成角，厚约 3 cm 配用。

（三）拼盘

1. 方法

由高到底依次拼摆原料。先将切配好的西瓜片、哈密瓜块放于盘中，再将杨桃片、雕刻好的红蛇果角分别放于哈密瓜块上，再点缀上葡萄。

2. 注意事项

拼摆要细腻，各原料之间无缝隙，方可凸显原料。

效果达成

（1）清洗原料。将原料用水清洗干净后，用无污染的干手巾擦干。

（2）将西瓜去皮后切成小瓣。修改成梯形块后顶刀切成高约 5 cm，厚约 0.6 cm 的片状备用。

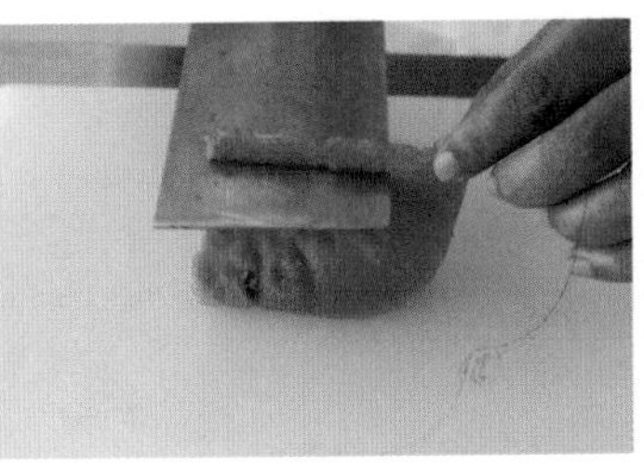

（3）将杨桃直刀切成厚度为 5 mm 左右的片。

（4）将红蛇果分成 1/6 块，去籽后在用雕刻刀在皮上刻出花纹。

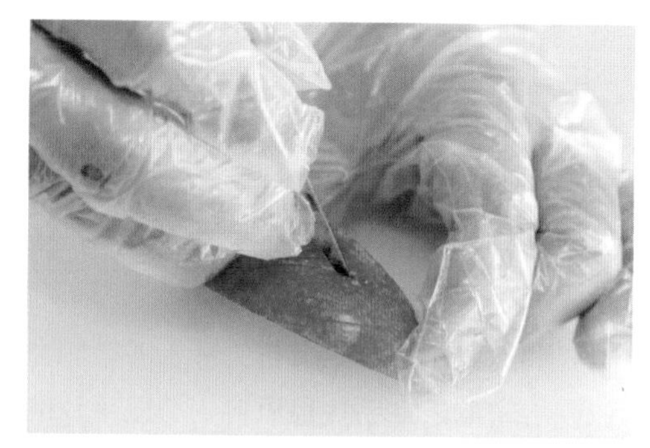

（5）将雕刻好的红蛇果分离 1/5 果皮。

（6）去掉镂空部分的废料。

（7）将哈密瓜分成 1/6 块，去籽并去皮。

（8）将去皮后的哈密瓜滚刀切成块。

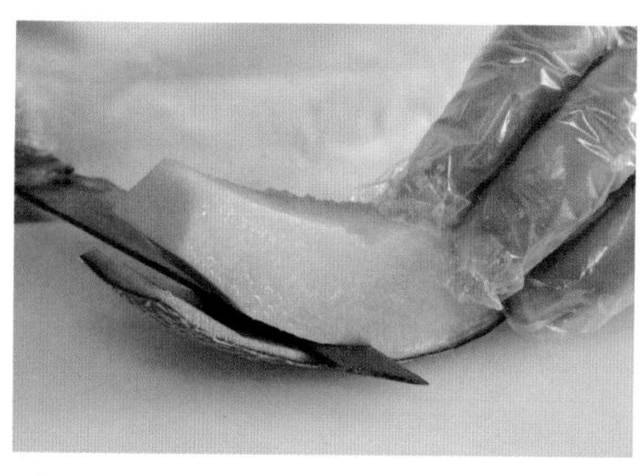

（9）将所有改刀后的水果按一定顺序摆入盘中加入葡萄即可。

(10) 卫生清理。将剩余的水果用保鲜膜包好，放入保鲜冰箱中，清理砧板，清理刀具，清理操作台卫生。

效果超越

请同学在课后利用本节课制作例食的技术，根据不同形状的盛器制作水果拼盘。

任务四　制作例食水果拼盘——《飞翔》

学习目标

1. 知识：掌握例食水果拼盘选料、刀工切配、拼摆的原则。
2. 技能：学会将西瓜切成特殊形状、火龙果去皮的方法和利用瓜皮制作草花造型。
3. 态度：培养学生卫生意识，熏陶学生的美感，以及提升团队协作能力。

效果展示

此水果拼盘造型精小，利用西瓜皮雕刻出草花的造型，将西瓜肉利用简单的刀法切成特殊的造型，使得水果拼盘更像是一件艺术品。

效果分析

1. 选料与构思

首先西瓜应该选择瓜皮脆度适当的海南无籽西瓜，这样利用瓜皮雕刻出来的草花才不容易断开，无籽西瓜的肉质紧实，能够更好地表现出将西瓜肉切出的特殊形状，杨桃需要选择大小适中、颜色偏绿的。

2. 色彩搭配

制作此水果拼盘应用的是“对比色”搭配，红色的西瓜配绿色的草花、杨桃；黑色的葡萄配白色的火龙果便是标准的“对比色”搭配。目的是使简单的不同个体水果通过形状、色彩等几方面艺术性地结合为一个整体，以色彩和美观取胜，从而刺激食客的感官，增进其食欲。

相关知识

为让宾客满意，并且顺利地完成本任务，应明确制作例食水果拼盘所使用的用具、原料，并熟悉相关技术要求。

（一）用具

（1）水果拼盘专用刀。制作水果拼盘要采用不锈钢材质的刀具，以免刀具生锈污染水果。

（2）水果拼盘专用砧板。

（3）盛装器皿。

（4）其他用具。一次性塑料手套、专用手巾板。

（二）原料

1. 西瓜：花皮瓜类，要纹路清晰，深淡分明，瓜皮滑而硬，将西瓜托在手中，用手指轻轻弹拍，发出“咚、咚”的清脆声，托瓜的手感觉有些颤动为好瓜。

2. 火龙果：火龙果越重，代表汁越多、果肉越丰满，表面红色的地方越红越好，绿色的部分则越绿越新鲜，若是绿色部分变得枯黄，就表示已经不新鲜了。

3. 杨桃：果肉丰满，越绿的越新鲜，若是绿色部分变得枯黄，就表示已经不新鲜了，尤其是杨桃的边。

4. 葡萄：表皮为紫色，果肉紧实，葡萄枝绿色的表明新鲜。

（三）技术要求

（1）切出的西瓜块要均匀一致。

（2）成品色彩搭配丰富饱满。

（3）拼摆要紧密，造型由高至低呈阶梯状。

技能训练

（一）原料去皮

1. 方法

（1）西瓜。用刀从西瓜瓣尖部入刀，顺势向前推刀顺原料形状将皮去掉。

（2）火龙果。左手扶稳原料，刀以平片的方法入刀，顺原料向下用力将原料去皮。

2. 注意事项

手要扶稳原料，刀在运行时要紧贴果肉，走刀要稳，这样去皮后的原料果肉表面光滑、无凸凹感。

（二）切配

1. 方法

利用拉刀的方法将去皮后的原料从大头向小头方向切片。

2. 注意事项

切原料时要注意各原料的高度及厚度，方便造型，方便食用。西瓜切成高约 5 cm 的片；火龙果切成高约 5cm 的三角块；杨桃切成厚约 0.6 cm 的片。

（三）拼盘

1. 方法

由高到底依次拼摆原料。先将制作好的草花放于盘边，再依次放好火龙果、西瓜，最后把杨桃平放在西瓜上点缀。

2. 注意事项

拼摆要细腻，各原料之间无缝隙，方可凸显原料。

效果达成

（1）清洗原料。将原料用水清洗干净后，用无污染的干手巾擦干。

（2）将火龙果分成 1/4 块并去皮。

（3）将去皮后的火龙果直刀切成三角块。

（4）将杨桃直刀切成厚度为 5 mm 左右的片。

（5）将西瓜分成 1/8 块并去皮。

（6）将西瓜修成正方体然后用刀在每个横截面上划入 1/2。

（7）将雕刻好的西瓜分离。

（8）将西瓜皮划出花刀。

（9）将划出花刀的西瓜皮向后卷起并放入葡萄。

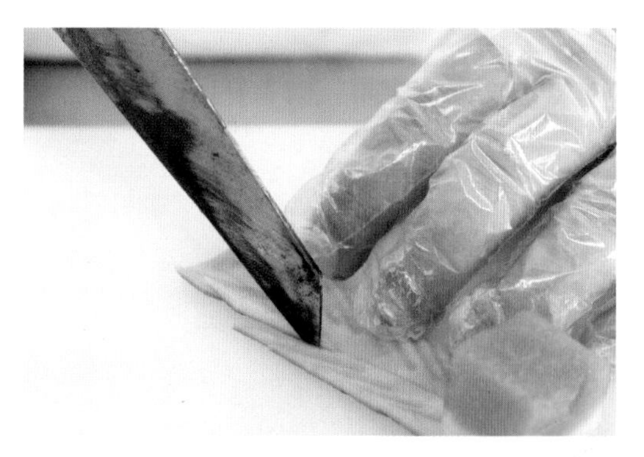

（10）将改刀后的水果按一定顺序摆入盘中即可。

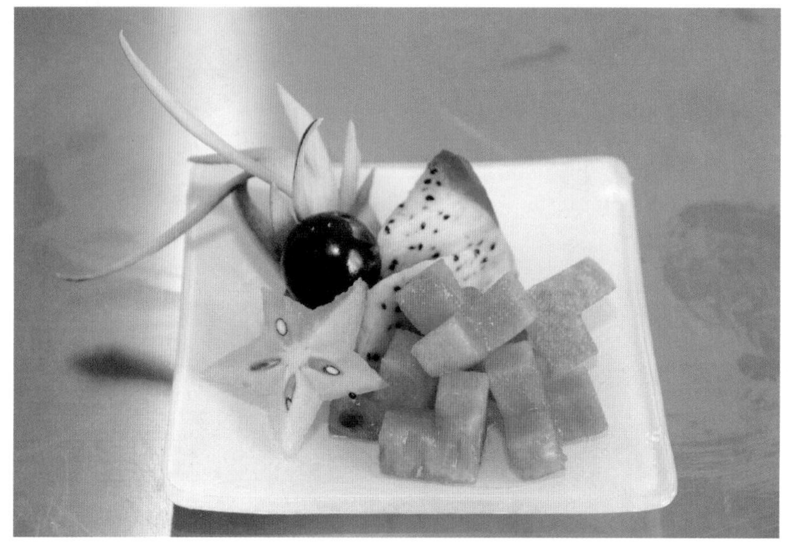

（11）卫生清理。将剩余的水果用保鲜膜包好，放入保鲜冰箱中，清理砧板，清理刀具，清理操作台卫生。

效果超越

请同学在课后利用本节课制作例食的技术，根据不同形状的盛器制作水果拼盘。

项目二

花式水果拼盘制作

任务一　制作花式水果拼盘——《热带雨林》

学习目标

1. 知识：掌握花式水果拼盘选料、刀工切配、拼摆的原则。

2. 技能：感受实际工作中花式水果拼盘制作的一般工作流程，学会利用水果本身的固有色彩来搭配。

3. 态度：培养学生卫生意识，熏陶学生的美感，以及提升团队协作能力。

效果展示

这种果盘造型复杂，要求突出主题，用料品种较多，刀工处理较精细。盛器以玻璃盘为主。

效果分析

1. 选料与构思

要从水果的色泽、形状、口味、营养价值、外观完美度等角度选择水果。水果本身应是成熟的、新鲜的、卫生的。同时注意制作水果拼盘的水果不能过熟，否则会影响加工和摆放。制作水果拼盘不能随便应付，制作前应充分考虑到宴会的主题，使作品更加贴切主题，达到美化宴席、烘托气氛的效果。

2. 色彩搭配

制作水果拼盘的目的是使简单的不同个体水果通过形状、色彩等几方面艺术性地结合为一个整体，以色彩和美观取胜，从而刺激食客的感官，增进其食欲。水果颜色的搭配一般有“对比色”搭配、“相近色”搭配及“多色”搭配三种。红配绿、黑配白便是标准的“对比色”搭配；红、黄、橙可算是“相近色”搭配；红、绿、紫、黑、白可算是丰富的“多色”搭配。

相关知识

为让宾客满意，并且顺利地完成本任务，应明确制作花式水果拼盘所使用的用具、原料，并熟悉相关技术要求。

(一)用具

1. 水果拼盘专用刀。制作水果拼盘要采用不锈钢材质的刀具，以免刀具生锈污染水果。

2. 水果拼盘专用砧板。

3. 盛装器皿。

4. 其他用具：一次性塑料手套、专用手巾板。

(二)原料

(1)木瓜:瓜皮发金黄色，金黄色代表成熟了，全金黄色代表熟透了，允许有部分是青色，但全身青色，不能购买。瓜身有损伤流水的不能购买，瓜皮表面虽凹凸不平，但要均匀，表面平滑。用手去掐，不要太用力，如发软，代表成熟，如发硬，还需要放置，用鼻子闻，有香味，代表甜；香味淡，瓜味也淡。

(2)哈密瓜:用鼻子闻,一般有香味的,成熟度适中。没有香味或香味淡的,是成熟度较差的,用手摸，如果瓜身坚实微软，这种瓜成熟度就比较适中。如果太硬则表示不太熟，太软就是成熟过度。

(3)猕猴桃:要求体型饱满,果肉紧实。颜色均匀,接近土黄色的外皮,检查表面是否完整,果皮呈黄褐色，有光泽的为佳。

(4)苹果：个大适中、果皮光洁、颜色艳丽、软硬适中、果皮无虫眼和损伤、肉质细密、酸甜适度、气味芳香者为上品。

(5)杨桃：以果皮光亮，皮色黄中带绿，棱边青绿为佳。如棱边变黑，皮色接近橙黄，表示已熟多时；反之皮色太青恐怕过酸。

(6)网纹瓜:网纹瓜果实呈圆球形,顶部有新鲜绿色果藤;果皮翠绿,带有灰色或黄色条纹,酷似网状，故名网纹瓜；果肉黄绿色或桔红色，口感似香梨，脆甜爽口，散发出清淡怡人的混合香气，有丝丝奶香味和果香味。网纹瓜不是哈密瓜，它属于哈密瓜的一个品种。

(7)橙子:选择果脐小且不凸起的脐橙,果脐越小口感越好。别买太大的橙子,橙子个越大,靠近果梗处越容易失水，吃起来就干巴巴的。橙子皮的密度高、薄厚均匀而且有点硬度的橙子所含水分较高，口感较好。

(8)葡萄：表皮为紫色，果肉紧实，葡萄枝绿色的表明新鲜。

(三)技术要求

(1)切配各种原料要薄厚均匀一致。

(2)成品色彩搭配丰富饱满。

(3)拼摆要紧密，造型由高至低呈阶梯状。

技能训练

(一)原料去皮

1. 方法

(1)木瓜。用刀从木瓜瓣尖部入刀，顺势向前推刀顺原料形状将皮去掉。

(2)哈密瓜、网纹瓜。左手扶稳原料，刀以平片的方法入刀，顺原料向下用力将原料去皮。

(3)猕猴桃。将猕猴桃对称切半后，果肉朝上，利用下片的方法将其表皮去掉。

2. 注意事项

手要扶稳原料，刀在运行时要紧贴果肉，走刀要稳，这样去皮后的原料果肉表面光滑、无凸凹感。

（二）拼盘

1. 方法

由高到低依次拼摆原料。先将切配好木瓜、哈密瓜，分别放于盘边。将切配好的杨桃片、猕猴桃片、苹果片、草莓、葡萄、橙子角分别放于盘中，成阶梯状。

2. 注意事项

拼摆要细腻，各原料之间无缝隙，方可凸显原料。

效果达成

（1）清洗原料。将原料用水清洗干净后，用无污染的干手巾擦干。

（2）取木瓜一个，以雕刻刀从尾端切取波浪形状大片两片，去籽取中心线后，在其瓜肉上切取锯齿形状纹路，如叶片般。再切取另一片木瓜，以雕刻刀切雕出层次来。

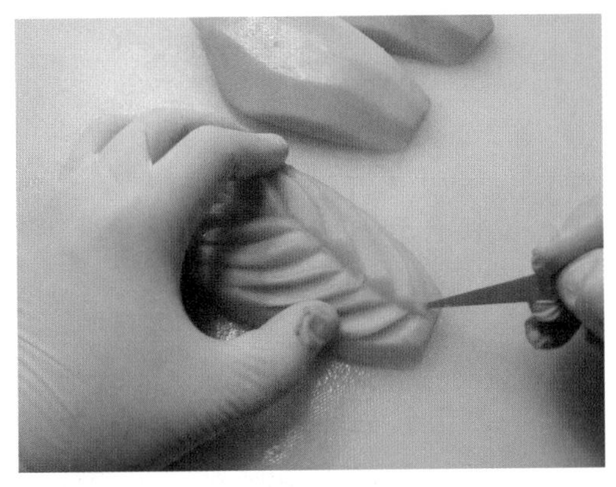

（3）取 1/4 网纹瓜去皮后，在 1/2 处切开，根部斜切一刀，以雕刻刀从尾端切取波浪形状大片两片，去籽取中心线后，在其瓜肉上切取锯齿形状纹路，如叶片般。

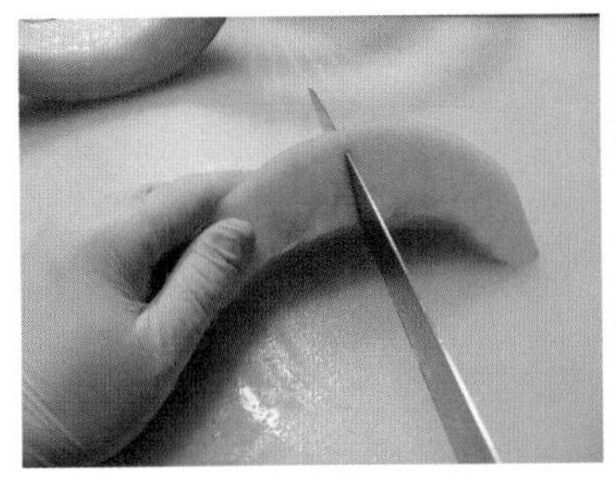
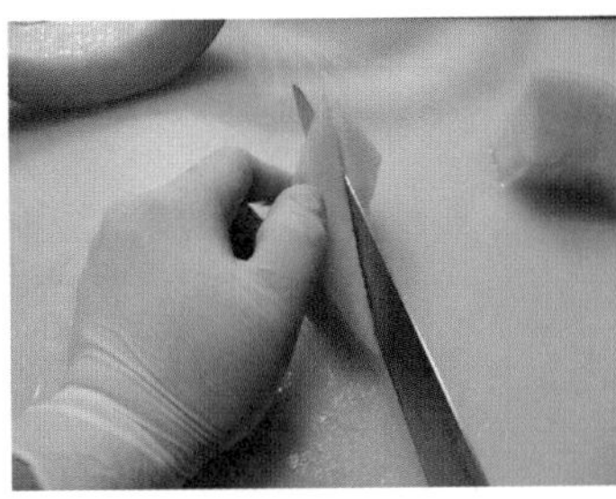
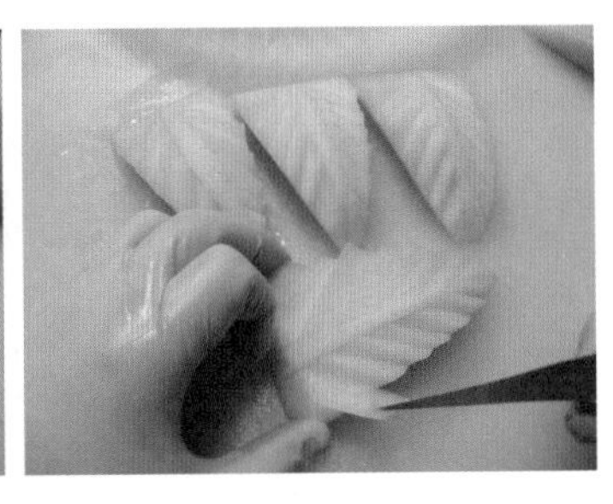

（4）将猕猴桃去头尾去皮，改花刀切成厚约 0.6 cm 的片状备用。

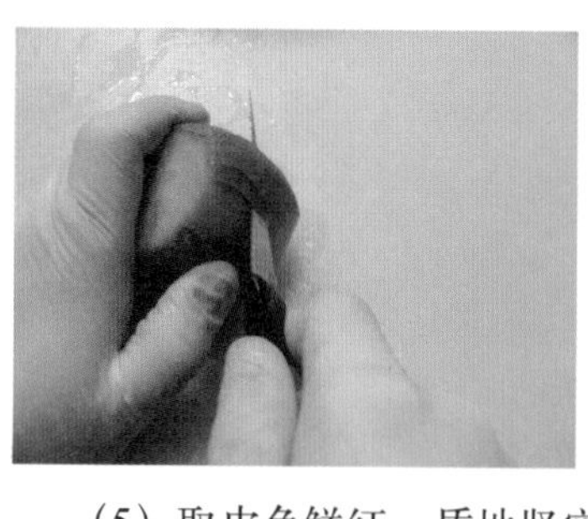
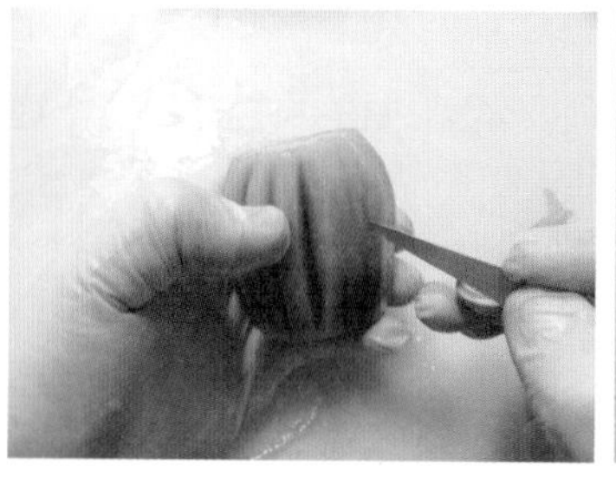
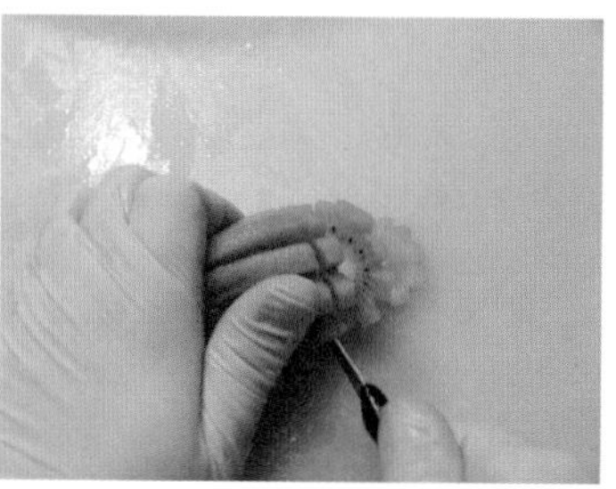

（5）取皮色鲜红、质地坚实的苹果 1/4 个，以中心线斜刀 45° 切割 V 字片，推开即成。

（6）将杨桃直刀切成 0.6 cm 的片。

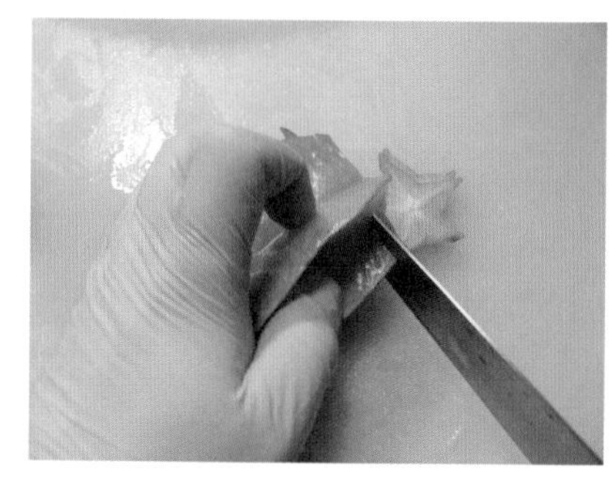

（7）取外形饱满、新鲜甜美的柳橙，以大刀平均切成 8 份，将橙皮分离 3/4 处，划两刀备用。

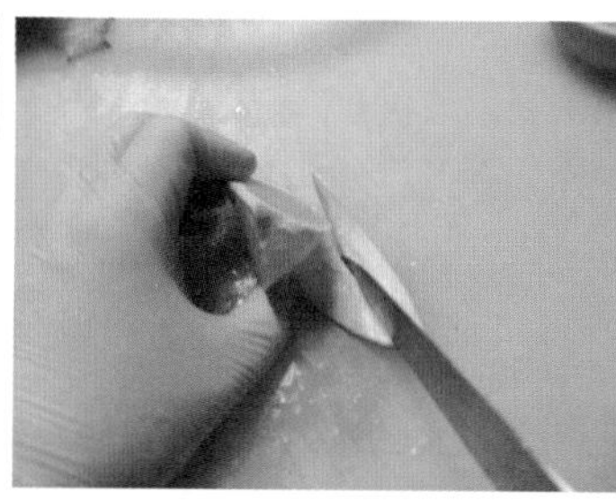
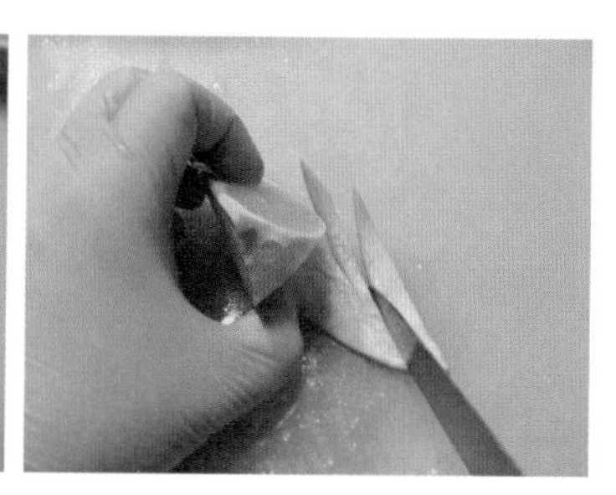

（8）将所有切配好的水果按照次序摆放在容器内，再点缀上葡萄、草莓红樱桃。

（9）卫生清理。将剩余的水果用保鲜膜包好，放入保鲜冰箱中，清理砧板，清理刀具，清理操作台卫生。

效果超越

请同学在课后利用本节课制作花式水果拼盘的技术，根据不同形状的盛器制作水果拼盘。

任务二　制作花式水果拼盘——《满载而归》

学习目标

1. 知识：掌握花式水果拼盘选料、刀工切配、拼摆的原则。

2. 技能：学会利用多层器皿盛装水果。通过教师、同学及网络的帮助，感受实际工作中花式水果拼盘制作的一般工作流程。

3. 态度：培养学生卫生意识，熏陶学生的美感，以及提升团队协作能力。

效果展示

此水果拼盘属于多层水果拼盘，造型复杂美观，拼摆紧密，主题突出，用料品种较多，刀工精细。

效果分析

1. 料与构思

制作前应充分考虑到宴会的主题，使作品更加贴切主题，达到美化宴席、烘托气氛的效果。要从水果的色泽、形状、口味、营养价值、外观完美度等角度选择水果。水果本身应是成熟的、新鲜的、卫生的。同时注意制作果盘的水果不能过熟，否则会影响加工和摆放。

2. 色彩搭配

制作花式水果拼盘《满载而归》时，水果颜色的搭

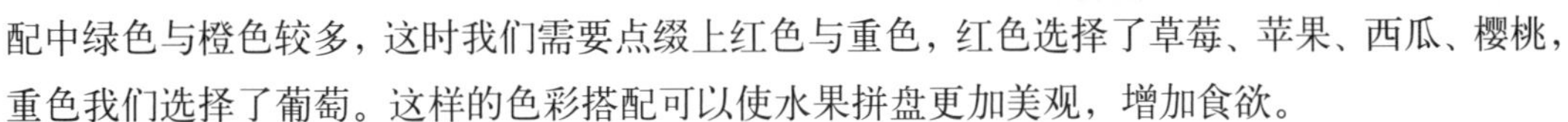

配中绿色与橙色较多，这时我们需要点缀上红色与重色，红色选择了草莓、苹果、西瓜、樱桃，重色我们选择了葡萄。这样的色彩搭配可以使水果拼盘更加美观，增加食欲。

相关知识

为让宾客满意，并且顺利地完成本任务，应明确制作花式水果拼盘所使用的用具、原料并熟悉相关技术要求。

（一）用具

（1）水果拼盘专用刀。制作水果拼盘要采用不锈钢材质的刀具，以免刀具生锈污染水果。

（2）水果拼盘专用砧板。

（3）盛装器皿。

（4）其他用具。一次性塑料手套、专用手巾板。

（二）原料

（1）猕猴桃：要求体型饱满，果肉紧实。颜色均匀，接近土黄色的外皮，检查表面是否完整，果皮呈黄褐色，有光泽的为佳。

（2）苹果：个大适中、果皮光洁、颜色艳丽、软硬适中、果皮无虫眼和损伤、肉质细密、酸甜适度、气味芳香者为上品。

（3）网纹瓜：网纹瓜果实呈圆球形，顶部有新鲜绿色果藤；果皮翠绿，带有灰色或黄色条纹，酷似网状，故名网纹瓜；果肉黄绿色或桔红色，口感似香梨，脆甜爽口，散发出清淡怡人的混合香气，有丝丝奶香味和果香味。网纹瓜不是哈密瓜，它属于哈密瓜的一个品种。

（4）橙子：选择果脐小且不凸起的脐橙，果脐越小口感越好。别买太大的橙子，橙子个越大，靠近果梗处越容易失水，吃起来就干巴巴的。橙子皮的密度高、薄厚均匀而且有点硬度的橙子所含水分较高，口感较好。

（5）草莓：选择色泽鲜亮、有光泽，结实、手感较硬者。太大的草莓忌买，过于水灵的草莓也不能买。不要买长得奇形怪状的畸形草莓。尽量挑选表面光亮、有细小绒毛的草莓。

（6）葡萄：表皮为紫色，果肉紧实，葡萄枝绿色的表明新鲜。

（三）技术要求

（1）切配各种原料要薄厚均匀一致。

（2）成品色彩搭配丰富饱满。

（3）拼摆要紧密，造型高由至低呈阶梯状。

技能训练

（一）原料去皮

1. 方法

（1）网纹瓜。左手扶稳原料，刀以平片的方法入刀，顺原料向下用力将原料去皮。

（2）猕猴桃。将猕猴桃对称切半后，果肉朝上，利用下片的方法将其表皮去掉。

2. 注意事项

手要扶稳原料，刀在运行时要紧贴果肉，走刀要稳，这样去皮后的原料果肉表面光滑、无凸凹感。

（二）拼盘

1. 方法

上层由高到低依次拼摆原料。先将雕刻好的西瓜草花放于盘中，将切配好的网纹瓜、猕猴桃、苹果片、草莓、葡萄分别放于盘中，成阶圆锥状。

2. 注意事项

拼摆要细腻，各原料之间无缝隙，方可凸显原料。

效果达成

（1）清洗原料。将原料用水清洗干净后，用无污染的干手巾擦干。

（2）取外形饱满、新鲜甜美的哈密瓜 1/8 个，以雕刻刀切除少许前段果肉及尾段果肉。

(3)以雕刻刀片取哈密瓜表皮，再以雕刻刀由内往外切雕出线条，即可往内翻折兔耳状，备用。

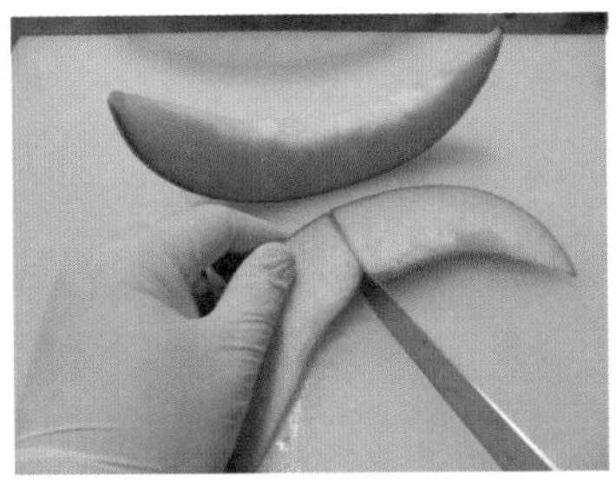
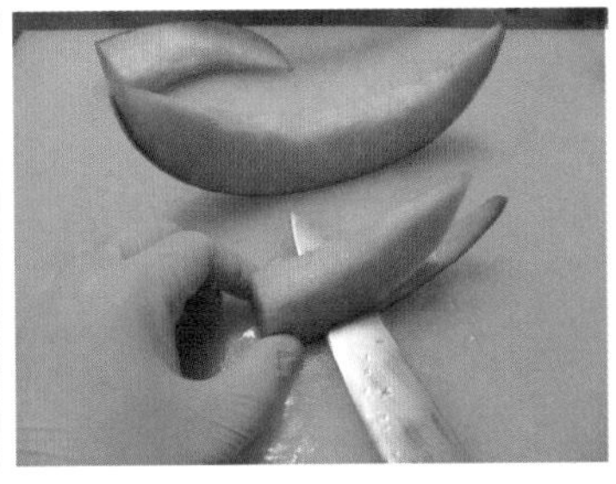
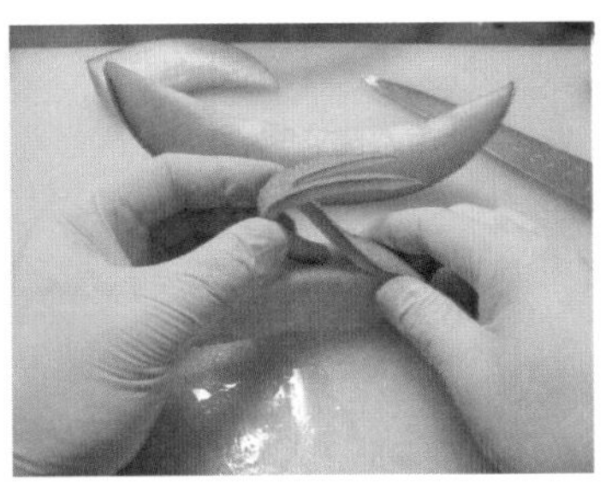

（4）取 1/4 网纹瓜去皮后，在 1/2 处切开，根部斜切一刀，以雕刻刀从尾端切取波浪形状大片两片，去籽取中心线后，在其瓜肉上切取锯齿形状纹路，如叶片般。

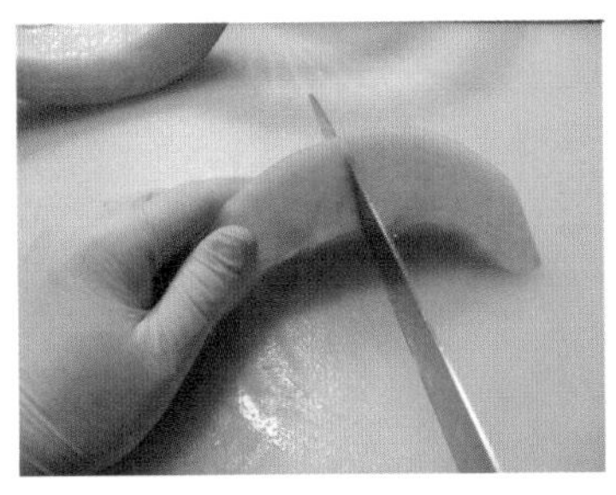
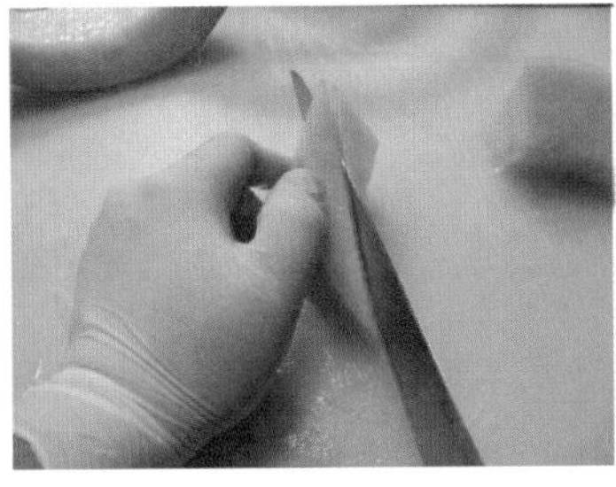

（5）将猕猴桃去头尾去皮，改花刀切成角状备用。

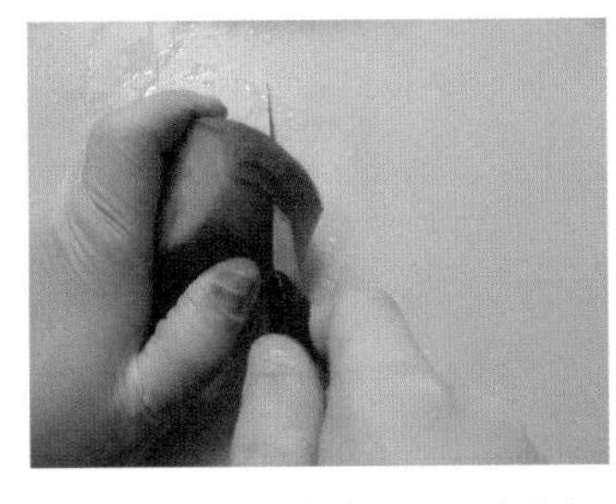
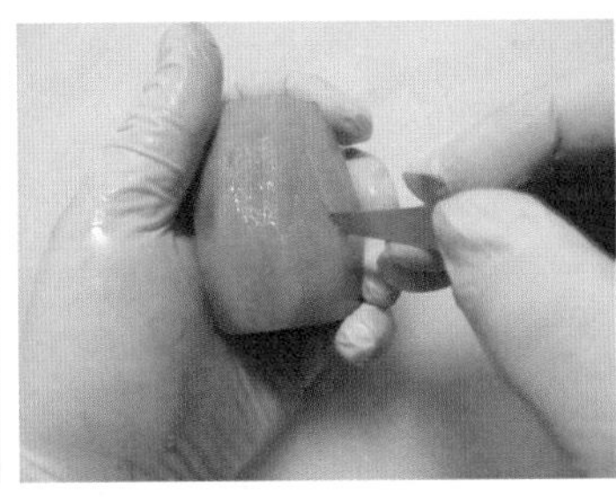

（6）取皮色鲜红、质地坚实的苹果 1/4 个，以中心线斜刀 45° 切割 V 字片，推开即成。

（7）取外形饱满、新鲜甜美的柳橙，以大刀平均切成八份，与哈密瓜同样切雕成兔耳状，备用。

（8）将西瓜雕刻成草花。

（9）将苹果切成 1/4 角，用雕刻刀刻成蝴蝶状。

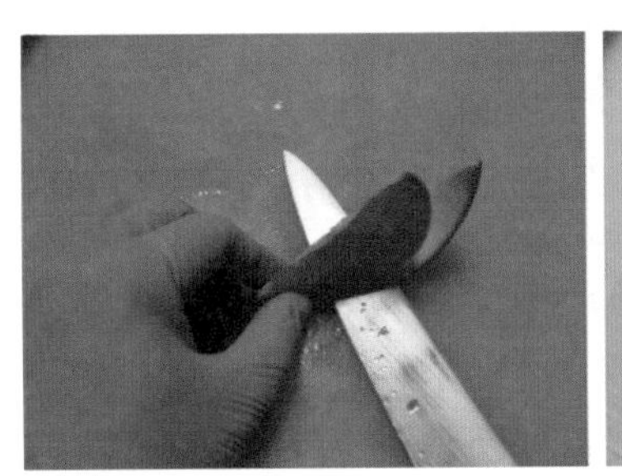
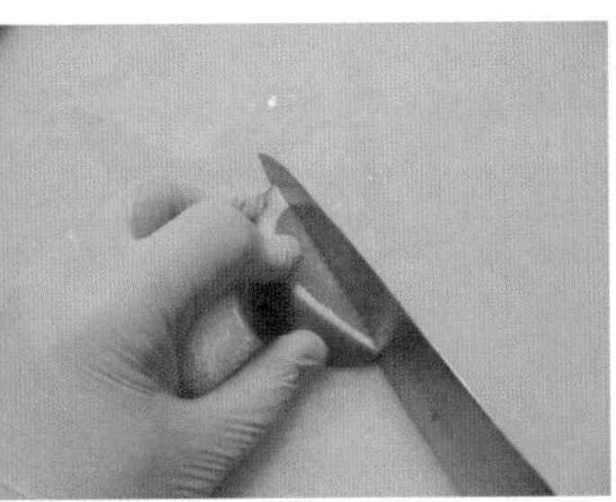
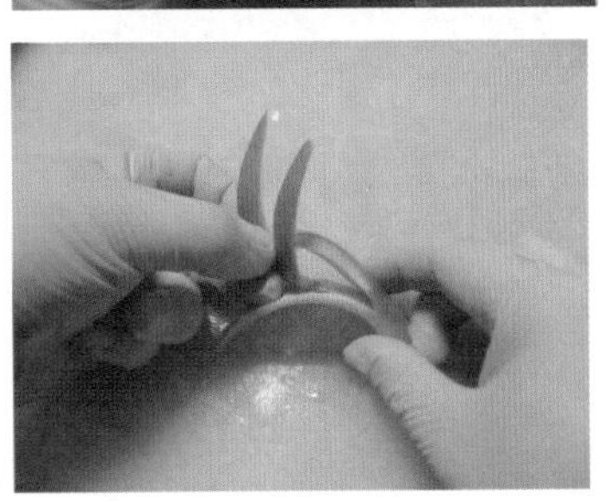

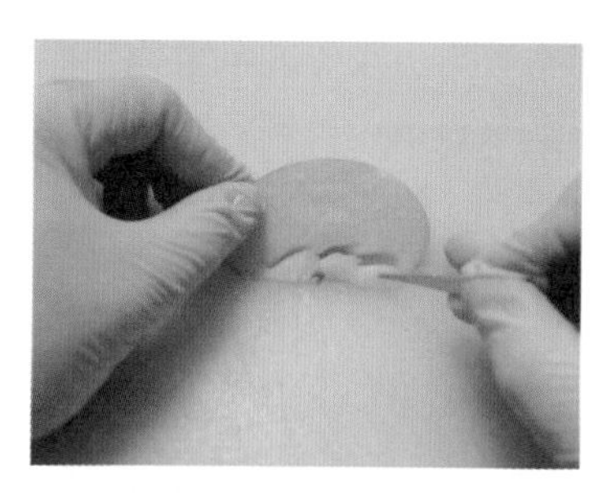

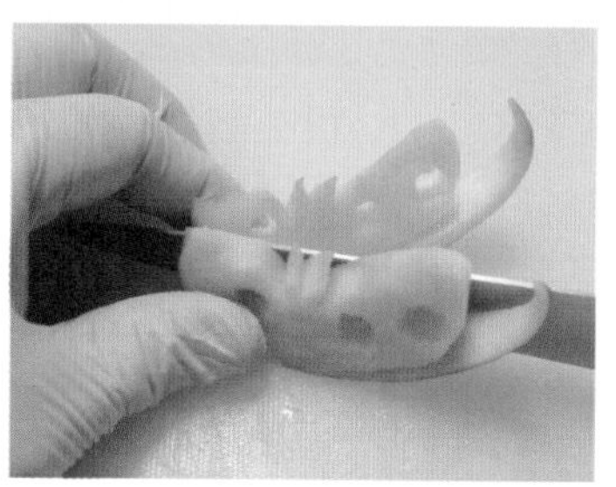

（10）将所有切配好的水果依次放在容器上。

（11）卫生清理。将剩余的水果用保鲜膜包好，放入保鲜冰箱中，清理砧板，清理刀具，清理操作台卫生。

效果超越

请同学在课后利用本节课制作花式水果拼盘的技术，根据不同形状的盛器制作水果拼盘。

任务三　制作花式水果拼盘——《生日快乐》

学习目标

1. 知识：掌握花式水果拼盘选料、刀工切配、拼摆的原则。

2. 技能：借助教师、同学及网络的帮助，感受实际工作中花式水果拼盘制作的一般工作流程，学会利用水果特有形态组合拼摆。

3. 态度：培养学生卫生意识，熏陶学生的美感，以及提升团队协作能力。

效果展示

此水果拼盘造型复杂，要求突出主题，要利用水果本身固有色彩和特有的形态进行搭配，发挥想象力。

效果分析

1. 选料与构思

制作前应充分考虑到宴会的主题，水果拼盘当中利用西瓜皮雕刻出一个“寿”字以及松树的造型，使作品更加贴切主题，达到美化宴席、烘托气氛的效果。同时要从水果的色泽、形状、口味、营养价值、外观完美度等角度选择水果。水果本身应是成熟的、新鲜的、卫生的。同时注意制作水果拼盘的水果不能过熟，否则会影响加工和摆放。

2. 色彩搭配

制作花式水果拼盘《生日快乐》时，水果颜色有“对比色”搭配、“相近色”搭配及“多色”搭配三种。红配绿、黑配白便是标准的“对比色”搭配；红、黄、橙可谓是“相近色”搭配；红、绿、紫、黑、白可谓是丰富的“多色”搭配。目的是使简单的不同个体水果通过形状、色彩等几方面艺术性地结合为一个整体，以色彩和美观取胜，从而刺激食客的感官，增进其食欲。

相关知识

为让宾客满意，并且顺利的完成这项任务，应明确制作花式水果拼盘所使用的用具、原料并熟悉相关技术要求。

（一）用具

（1）水果拼盘专用刀。制作水果拼盘要采用不锈钢材质的刀具，以免刀具生锈污染水果。

（2）水果拼盘专用砧板。

（3）盛装器皿。

（4）其他用具。一次性塑料手套、专用手巾板。

（二）原料

（1）木瓜：瓜皮发金黄色，金黄色代表成熟了，全金黄色代表熟透了，允许有部分是青色，但全身青色，不能购买。瓜身有损伤流水的不能购买，瓜皮表面虽凹凸不平，但要均匀，表面平滑，用手去掐，不要太用力，如发软，代表成熟，如发硬，还需要放置，用鼻子闻，有香味，代表甜；香味淡，瓜味也淡。

（2）橙子：选择果脐小且不凸起的脐橙，果脐越小口感越好。别买太大的橙子，橙子个越大，靠近果梗处越容易失水，吃起来就干巴巴的。橙子皮的密度高、薄厚均匀而且有点硬度的橙子所含水分较高，口感较好。

（3）草莓：选择色泽鲜亮、有光泽，结实、手感较硬者。太大的草莓忌买，过于水灵的草莓也不能买。不要买长得奇形怪状的畸形草莓。尽量挑选表面光亮、有细小绒毛的草莓。

（4）西瓜：花皮瓜类，要纹路清晰，深淡分明，瓜皮滑而硬，将西瓜托在手中，用手指轻轻弹拍，发出“咚、咚”地清脆声，托瓜的手感觉有些颤动为好瓜。

（5）菠萝：优质菠萝的果实呈圆柱形或两头稍尖的卵圆形，大小均匀适中，果形端正，芽眼数量少。成熟度好的菠萝表皮呈淡黄色或亮黄色，两端略带青绿色，上顶的冠芽呈青褐色；生菠萝的外皮色泽铁青或略带褐色。如果菠萝的果实突顶部充实，果皮变黄，果肉变软，呈橙黄色，说明它已达到九成熟。这样的菠萝果汁多，糖分高，香味浓，风味好。如果不是立即食用，最好选果身尚硬，色光为浅黄带有绿色光泽，约七八成熟的品种为佳。

（6）葡萄：表皮为紫色，果肉紧实，葡萄枝绿色的表明新鲜。

（7）红樱桃：要选择大颗、颜色深、有光泽、饱满、色鲜且梗青的。

（三）技术要求

（1）切配各种原料要薄厚均匀一致。

（2）成品色彩搭配丰富饱满。

（3）拼摆要紧密，造型高由至低呈阶梯状。

技能训练

（一）原料去皮

1. 方法

（1）木瓜。用刀从木瓜瓣尖部入刀，顺势向前推刀顺原料形状将皮去掉。

（2）西瓜。左手扶稳原料，刀以平片的方法入刀，顺原料向下用力将原料去皮。

2. 注意事项

手要扶稳原料，刀在运行时要紧贴果肉，走刀要稳，这样去皮后的原料果肉表面光滑、无凸凹感。

（二）拼盘

1. 方法

由高到低依次拼摆原料。先将雕刻好的西瓜草花放于盘边。将切配好的菠萝分别放于西瓜、草花两侧，然后将切配好的西瓜、木瓜、橙子角依次放好，最后放上葡萄草莓即可。

2. 注意事项

拼摆要细腻，各原料之间无缝隙，方可凸显原料。

效果达成

（1）清洗原料。将原料用水清洗干净后，用无污染的干手巾擦干。

（2）取新鲜甜美的菠萝 1/4 个，刻出造型。另取皮色鲜翠的西瓜皮，刻成松树图。

（3）取皮色鲜翠、新鲜甜脆的西瓜一大片，片取皮部二层，每层再切成数条，分别向内外翻折。

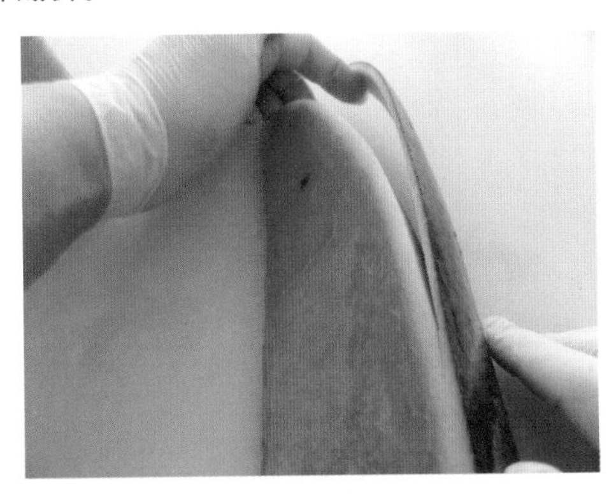

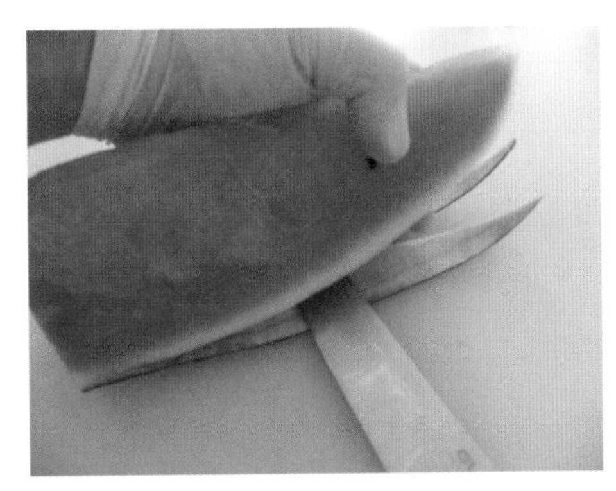

（4）用牙签固定后插上樱桃。

（5）最后用西瓜皮刻出寿字，并将以上水果全部参照完成图排盘即可。

（6）卫生清理。将剩余的水果用保鲜膜包好，放入保鲜冰箱中，清理砧板，清理刀具，清理操作台卫生。

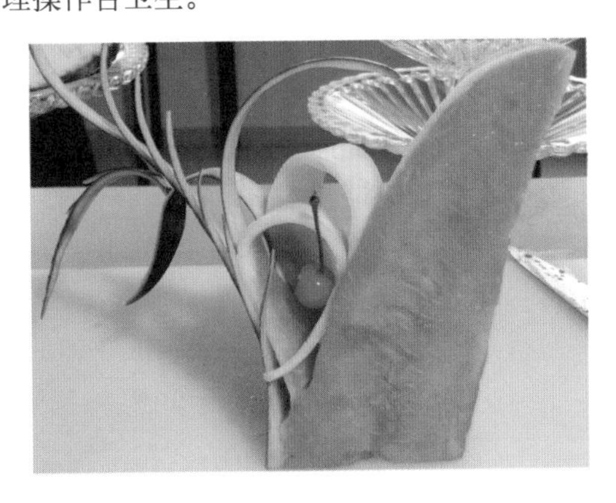

效果超越

请同学在课后利用本节课制作花式水果拼盘的技术，根据不同形状的盛器制作水果拼盘。

模块评价表

	项　目	考核标准	配　分	学生互评得分	教师评价得分
通用项配分（90分）	卫生	合理用料，干净卫生	20		
	色泽	色泽谐调、赏心悦目	20		
	刀工	刀工均匀，叠排整齐，层次分明	20		
	造型艺术	造型美观、图案造型新颖美观	30		
特色项配分（10分）	食用性	3种以上原料，不同颜色，不同口味的原料，食用性强	10		
合计			100		
否定项	下列情况出现一项，该实训成绩为“0”分： 1. 使用不能食用的原料或色素。 2. 超时5 min以上。 3. 违反实训室安全规定。 4. 违反职业卫生规范				
质量分析					

模块三

食品雕刻

食品雕刻是烹饪技术与艺术的结合，是一门技术性、实践性强，并且理论与实践紧密相结合的课程，它是把各种具备雕刻性能的可食性原料，通过特殊的刀具、刀法把食品原料雕刻成平面的或立体的花卉、鸟兽、山水、鱼虫等形状美观、吉庆大方、栩栩如生，具有观赏价值的“工艺”作品。

食品雕刻花样繁多，取材广泛，无论古今中外，花鸟鱼虫、风景建筑、神话传说，凡是具有吉祥如意，寓意美好象征的，都可以用艺术的形式表现出来。食品雕刻是一种美化宴席、陪衬菜肴、烘托气氛、增进友谊的造型艺术，不论是国宴，还是家庭喜庆宴席，都能显示出其艺术的生命力和感染力，使人们在得到物质享受的同时，也能得到艺术享受。一个精美的菜肴如果陪衬着一个贴切菜肴的雕刻作品，会使菜肴更加光彩夺目，使人不忍下箸，如“火龙串烧三鲜”“凤凰戏牡丹”“天女散花”“英雄斗志”“渔翁钓鱼”等，由于菜肴和雕刻浑然一体，使菜肴和雕刻在寓意与形态上达到协调一致的境界。

雕刻作品的使用是多方面的，它不仅是美化宴席，烘托气氛的造型艺术，而且在与菜肴的配合上更能表现出其独到之处。它能使一个精美的菜肴锦上添花，成为一个艺术佳品，又能和一些菜肴在寓意上达到和谐统一，令人赏心悦目，耐人寻味。雕刻技术大多是厨师根据自己的实践经验逐渐摸索积累起来的，不是一朝一夕之功，要想学好这门技艺，一方面要加强雕刻刀法的训练；另一方面，还要具有一定

的艺术素养，学习一些构图知识，并且在日常生活中观察和掌握表达形象的能力，不断实践和总结经验，使之精益求精，这样才能真正掌握这门技艺，在工作中发挥其特殊的作用。把食品雕刻用到凉菜上，一般是将雕刻的部分部件配以凉菜的原料，组成一个完整的造型。如“孔雀开屏”，孔雀的头是雕刻的，而身上的其他部位，如羽毛等，则是用黄瓜、火腿肠、酱牛舌、拌鸡丝、鹌鹑蛋、辣白菜等荤素原料搭配而成的。使雕刻作品与菜肴原料浑然一体。

食品雕刻在热菜上运用，则要从菜肴的寓意、谐音、形状等几方面来考虑。如荷花鱼肚这个热菜，配以一对鸳鸯雕刻，则成了具有喜庆吉祥寓意的“鸳鸯戏荷”；再如扒熊掌配上一座老鹰雕刻，借其谐音，则成“英（鹰）雄（熊）斗志”，顿时妙趣横生；从造型上构思，一盘浇汁鱼的盘边，配上一个手持鱼竿的渔童雕刻，即成“渔童垂钓”，使整个菜肴与雕刻作品产生谐调一致的效果。

在具体摆放时，凉菜与雕刻作品可以放得近一些，热菜与雕刻作品则要远一些，如在雕刻作品的周围用鲜黄瓜片、菜花等进行围边，既增加装饰效果，又不相互影响。

总之，食品雕刻应用灵活多变，不论是陪衬菜肴，还是美化台面，在造型上要求都很严格，这就要求厨师既要有美食家的风格，又具有艺术家的风彩，使食品雕刻真正成为烹任技术中不可缺少的一个组成部分。

项目一

花卉类雕刻

任务一　制作花卉类雕刻——《睡莲》

学习目标

1. 知识：使学生初步了解食品雕刻的基本步骤、方法及花卉类雕刻的作用。

2. 技能：通过对睡莲雕刻的讲解和示教，要求同学掌握戳刀法的基本握刀方法及睡莲的雕刻步骤。

3. 态度：培养学生动手动脑的能力，培养创新意识，提高创造能力。了解并引发对中华烹饪技艺的兴趣，探索饮食文化的科学理念，激发学生对伟大祖国的热爱之情。

效果展示

以物美价廉的白萝卜为材料，用它表现食物的美丽形色，为餐桌添色加彩，提高人们的生活质量。

效果分析

(1) 睡莲造型美观，形象逼真，晶莹剔透，能对装盛的菜肴起烘托点缀作用。

(2) 睡莲层次清晰、花瓣错落有致、造型美观、赏心悦目。

(3) 戳刀法运用熟练，方法正确。

(4) 选料比较简单，适合不同季节。

(5) 雕刻成品无手迹、斑迹，保持原料本身色泽。

相关知识

为了让学生更好地掌握戳刀法，熟练睡莲的雕刻步骤，并且顺利地完成本任务，同学们应该明确雕刻睡莲所使用的用具、原料，并熟悉相关技术要求。

(一) 用具

(1) 食品雕刻刀：一号平口刀、二号平口刀、V型刀、削皮刀。

(2) 盛装器皿。

（3）其他用具：502 胶水、手巾板。

（二）原料

（1）白萝卜：根茎类蔬菜，颜色透明，雕刻出来的作品晶莹剔透。

（2）牛腿南瓜：牛腿南瓜又称蜜本南瓜。该瓜香、甜、鲜脆、营养价值高、瓜瓤颜色漂亮、质地坚实、细密。

技能训练

（1）刀法：戳刀法多在使用 U 型刀、V 型刀、戳线刀时运用这种刀法，握笔姿势来刻一些花瓣、鳞片、羽毛、衣服的褶皱等。

（2）操作姿势正确，动作协调，灵活自然。

（3）雕刻的睡莲花卉，花瓣层次清晰、厚薄均匀，清爽利落，错落有致、造型美观、赏心悦目。

（4）合理使用原料、花型美观，出成率不低于 95%。

效果达成

（1）选取 6 cm 高的一块白萝卜。用二号平口刀在坯体顶端旋去一块锥形的废料。锥形开口约 2 cm。

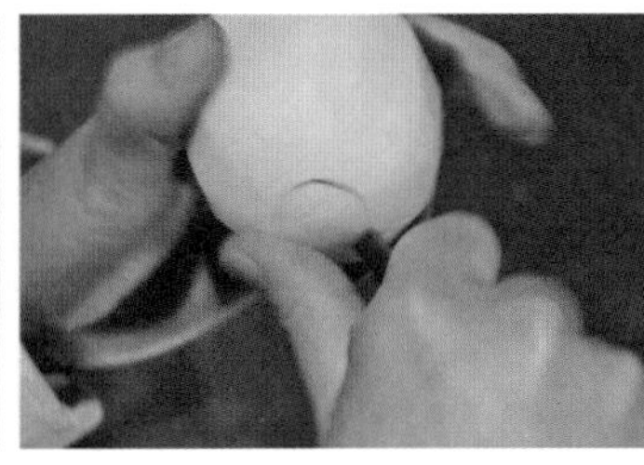
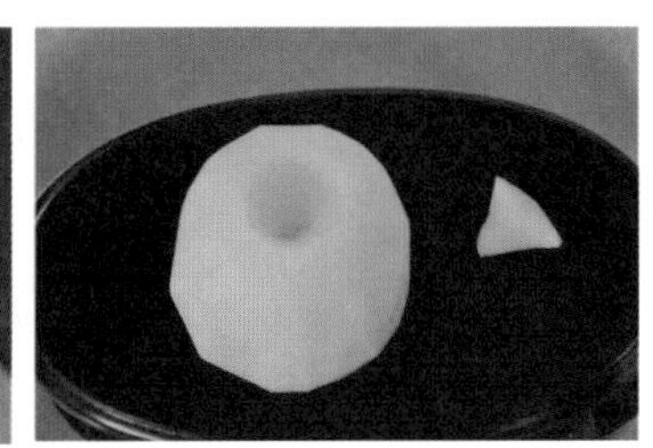

（2）用小号 V 型刀在锥形体表面用翘刀戳，戳出第一层花瓣，大约 6 瓣，在戳的同时，刀尖向上翘，戳出的花瓣像小船形，花瓣稍向上翘起。

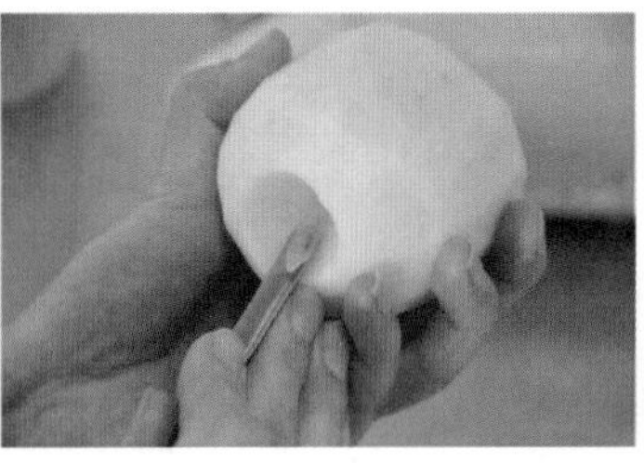
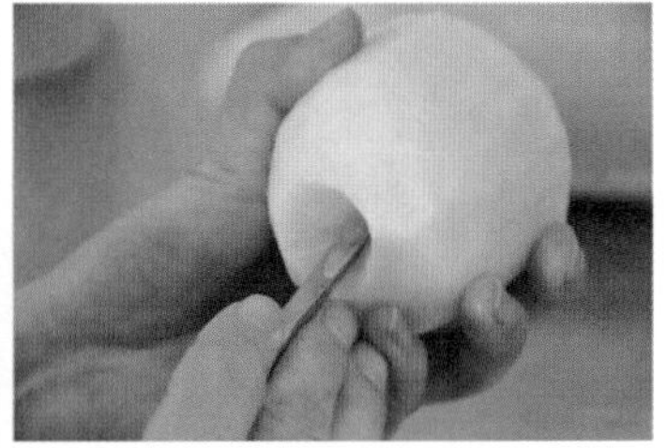

（3）刀向外倾斜 15°，去掉一层废料。再用同样的方法用 V 型刀戳出第二层花瓣。

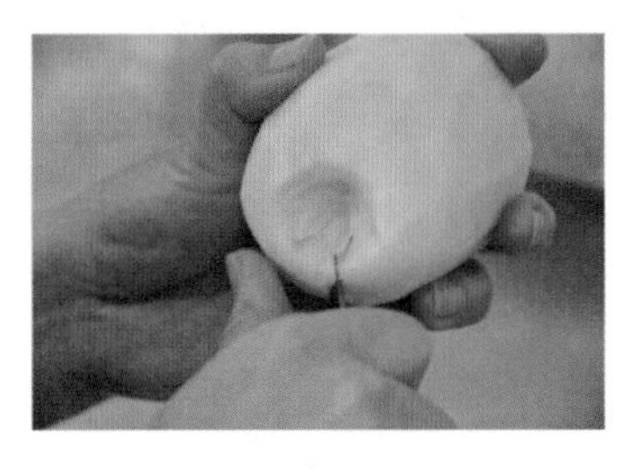

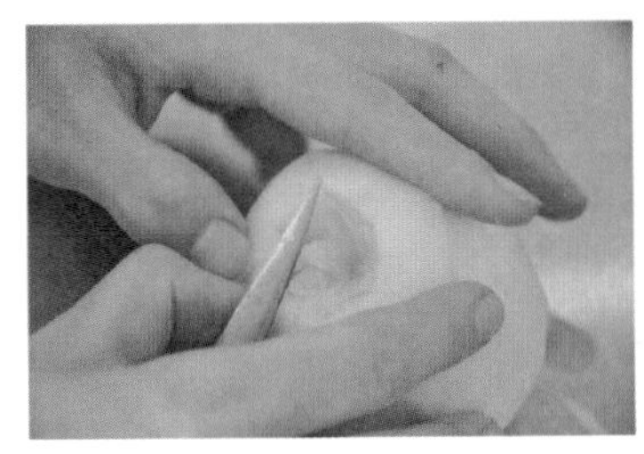 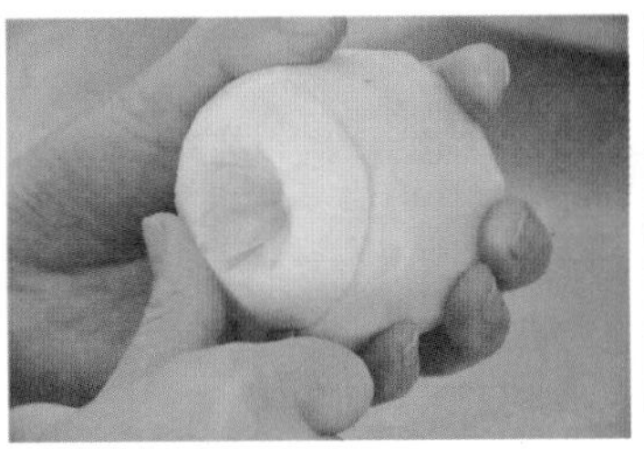 

（4）用同样的方法戳出第三层、第四层花瓣，每层不需加瓣，花瓣在其上一层每两瓣中间戳成。

效果超越

请同学在课后利用本节课所学睡莲的雕刻技法，结合不同的盛器制作出不同的作品。

任务二　制作花卉类雕刻——《牡丹花》

学习目标

1. 知识：使学生了解花卉类雕刻在菜肴、面点中的点缀装饰作用。

2. 技能：通过对牡丹花雕刻的讲解和示教，要求同学掌握旋刀法的基本握刀方法及牡丹花的雕刻步骤。

3. 态度：培养学生动手动脑的能力，培养创新意识，提高创造能力。了解并引发对中华烹饪技艺的兴趣，探索饮食文化的科学理念，激发学生对伟大祖国的热爱之情。

效果展示

用半个心里美萝卜，30 s时间内雕刻出一朵牡丹花。

效果分析

（1）牡丹花造型美观，色泽鲜艳，能对装盛的菜肴起烘托点缀作用。

（2）牡丹花层次清晰、花瓣错落有致、让人赏心悦目。

（3）旋刀法运用熟练，方法正确。

相关知识

为了让学生更好地掌握旋刀法，熟练运用此刀法雕刻牡丹花，能顺利地完成本任务，同学们应该明确雕刻牡丹花所使用的用具、原料，并熟悉相关技术要求。

（一）用具

一号平口刀，二号平口刀。

（二）原料

心里美萝卜：红心萝卜俗称冰糖萝卜，也叫“心里美萝卜”，因其外皮为浅绿色，内里为紫红色，且口感脆、口味甜而得名。心里美萝卜外表平平，上部淡绿色下部白色，肉是鲜艳的紫红色，艳丽如花，心里美萝卜嫩脆、水分大，色泽鲜艳，能提高菜肴感官质量，适合雕刻花卉。

技能训练

（一）刀法

旋刀法：旋刀法多用于各种花卉的刻制，它能使作品圆滑、规则，同时又分为内旋和外旋两种方法。外旋适合于由外向里刻制的花卉，如月季、玫瑰等；内旋适合于由里向外刻制的花卉或两种刀法交替使用的花卉，如马蹄莲、牡丹花等。

（二）选材

（1）选择的材料要新鲜、洁净、色彩要鲜艳。

（2）使用的用具要进行消毒，注意个人卫生。

（3）要因材施“技”，注意用刀安全。

效果达成

（1）选一块心里美萝卜，切成两块。在切面的中心点戳入刀尖，旋出第一片花瓣。在花瓣的下端去掉一块废料后刻出第二片花瓣。

（2）用同样的方法刻出第一层的四片花瓣。

（3）刀和第一层的花瓣呈45°斜着旋掉一块废料，再刻出第二层的第一片花瓣

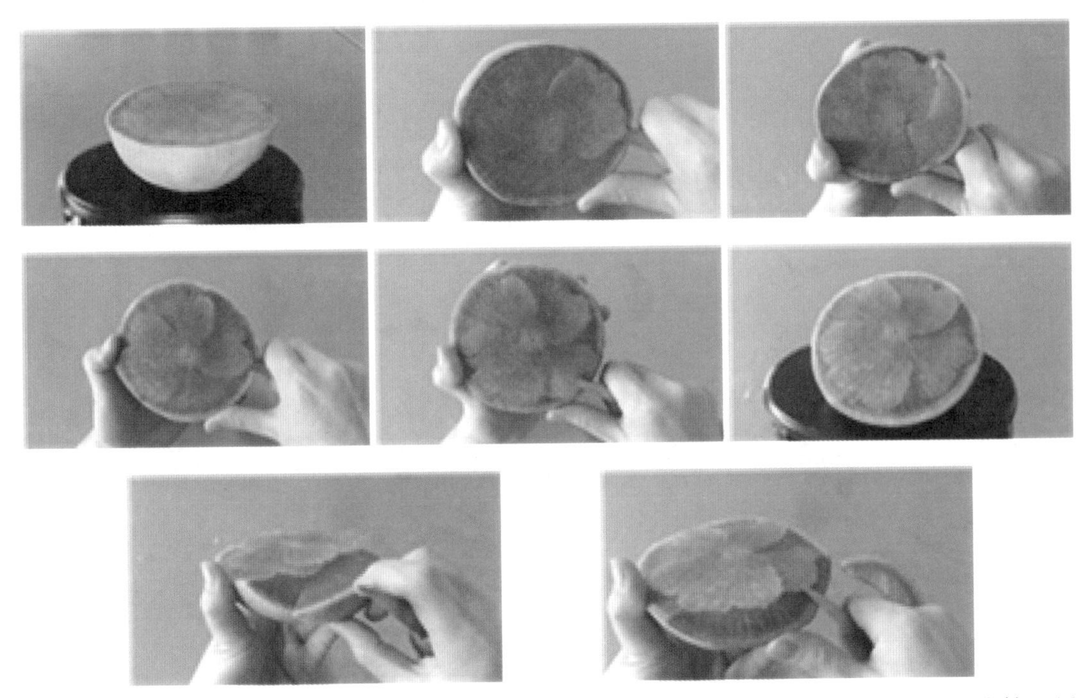

（4）在第一片花瓣的下端去掉一块废料，刻出第二片花瓣，使用同样的方法刻出第二层的四片花瓣。

（5）刀和第一层的花瓣呈 90° 垂直，旋掉半圈废料，刻出第三层的第一片花瓣。使用同样的方法刻出第三层的其余三片花瓣。

（6）刻出第四层的第一片花瓣用，同样的方法刻出第四层的其余三片花瓣。

 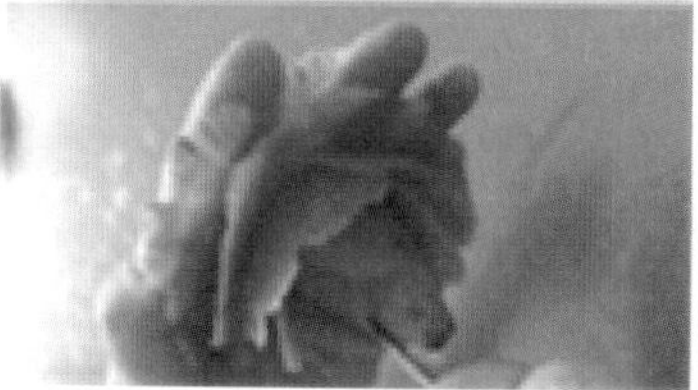 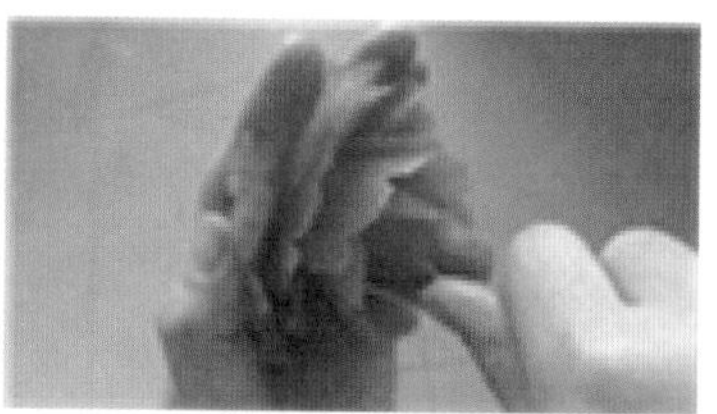

（7）最后收花心。

效果超越

请同学在课后利用本节课所学牡丹花的雕刻技法，结合不同的盛器制作出不同的作品。

任务三　制作花卉类雕刻——《菊花》

学习目标

1. 知识：使学生初步了解食品雕刻的基本步骤、方法及雕刻菊花的有关知识。

2. 技能：通过对菊花雕刻的讲解和示教，要求同学掌握戳刀法的基本握刀方法及菊花的雕刻步骤。

3. 态度：培养学生动手动脑的能力，培养创新意识，提高创造能力。了解并引发对中华烹饪技艺的兴趣，探索饮食文化的科学理念，激发学生对伟大祖国的热爱之情。

效果展示

介绍一种以大白菜为原料雕刻的菊花。用大白菜为原料雕刻出的菊花的优点是：形象逼真，制作简单。

效果分析

（1）菊花造型美观，形象逼真，能对装盛的菜肴起烘托点缀作用。

（2）菊花层次清晰、花瓣错落有致、造型美观、赏心悦目。

（3）戳刀法运用熟练，方法正确。

（4）选料比较简单，适合不同季节。

相关知识

为了让学生更好地掌握戳刀法，熟练戳刀法在雕刻作品中的应用，并且顺利地完成本任务，同学们应该明确雕刻菊花所使用的用具、原料，并熟悉相关技术要求。

（一）用具

（1）食品雕刻刀：一号平口刀、二号平口刀、U 型刀、V 型刀、削皮刀。

（2）盛装器皿。

（3）其他用具：502 胶水、手巾板。

（二）原料

白菜：以大白菜为原料雕刻出的菊花的优点是：形象逼真，制作简单。选用菜心蔬松的白菜为原料，去掉外层的叶子和菜根、菜头。

技能训练

(1) 刀法：戳刀法多用在使用 U 型刀、V 型刀、戳线刀时，呈握笔姿势来刻一些花瓣、鳞片、羽毛、衣服的褶皱等。

注意事项：操作姿势正确，动作协调，灵活自然。

（2）选料：选用菜心蔬松的白菜，去掉外层的叶子和菜根、菜头。

（3）雕刻的菊花花卉，花瓣层次清晰、厚薄均匀，清爽利落，错落有致、造型美观、赏心悦目。

（4）合理使用原料。

效果达成

（1）选用菜心蔬松的白菜，去掉外层的叶子和菜根、菜头，利用 V 型或 U 型刀插刀，在菜帮的外侧垂直插到菜根部。

（2）使用同样的方法戳出第一层花瓣，一片白菜帮上可刻出 5 ～ 6 丝菊花瓣。

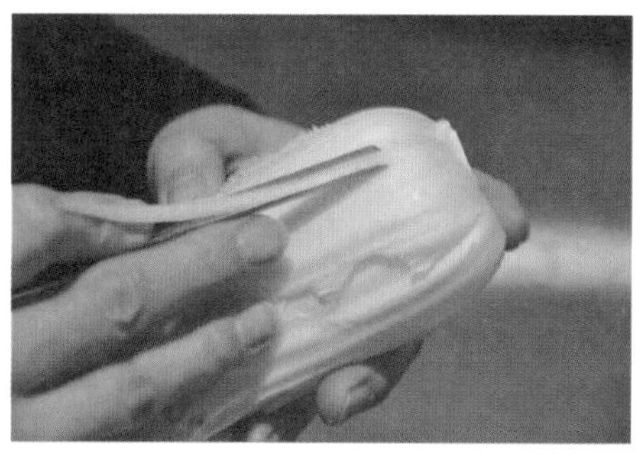
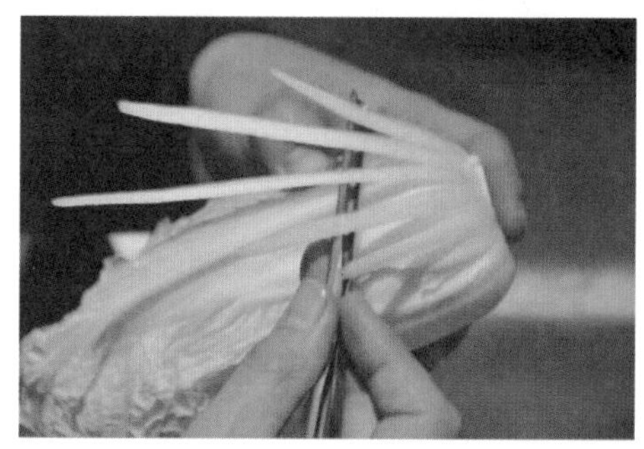

（3）将废料从花瓣的侧向掰去，使花瓣间隔分明，层次突出。

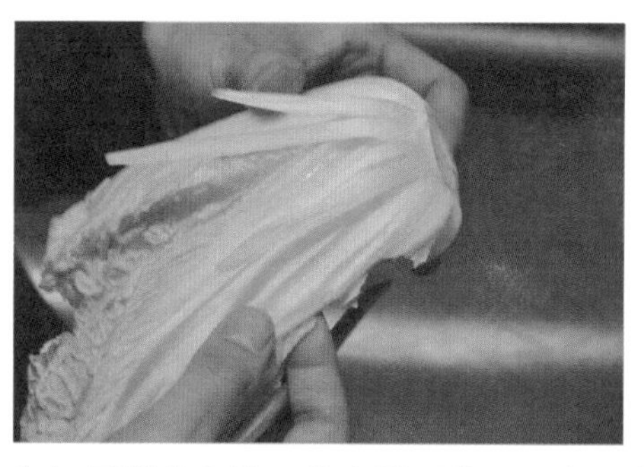
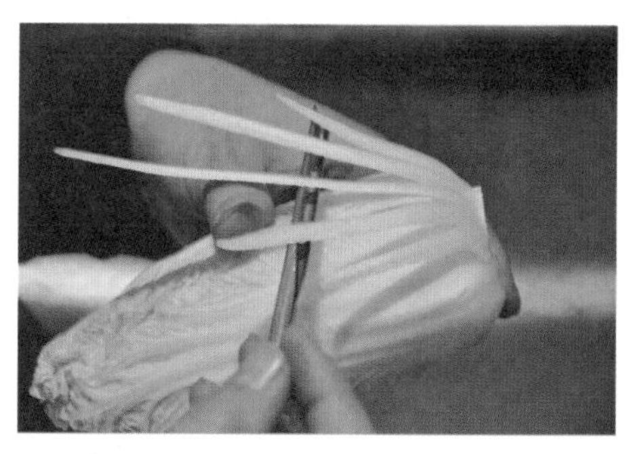

（4）同样的方法，依次戳至花心，每层花瓣逐次变短，再将白菜心的高度去掉一半，在菜心的内侧用同样的手法刻制出花丝，收好花心，并将废料去除。

(5) 刻好后，置于水中使其自然弯曲成菊花形状即可。

效果超越

请同学在课后利用本节课所学菊花的雕刻技法，结合不同的盛器制作出不同的菊花作品。

项目二 禽鸟类雕刻

任务一　制作禽鸟类雕刻——《相思鸟》

学习目标

1. 知识：禽鸟类雕刻是运用基础刀法雕刻造型的技法，综合运用基本刀法，选用合适的原料、造型雕刻而成。

2. 技能：通过讲授，演示，练习使学生熟练掌握不同动势相思鸟的雕刻技法。

3. 态度：增强同学间的团结合作意识，提高学生创新能力。让学生感受中国饮食文化中的美学，陶冶情操。

效果展示

利用大家熟悉的胡萝卜为原料，结合多种刀法，雕刻出不同动势的相思鸟。

效果分析

（1）构图时要注意相思鸟身体各部分的比例，并对原料作合理的选择。

（2）雕刻相思鸟时注意身体轮廓准确。

（3）雕刻的相思鸟，刀法到位，形象自然，造型美观，清爽利落。

（4）作品逼真动人、有灵气，且要有自己的构思。

相关知识

（一）用具

（1）食品雕刻刀：一号平口刀、二号平口刀、U 型刀、V 型刀、划线刀、削皮刀。

（2）盛装器具。

（3）其他用具：502 胶水、手巾板。

（二）原料

胡萝卜：形状较小，颜色鲜艳，适合刻花卉及小型的禽鸟。选择的原料必须是无缝瑕，纤维整齐、细密、分量重、颜色纯正。因为食品雕刻的作品，只有表面光洁，具有质感，才能使人们感受它的美。

技能训练

（1）各种刀法的综合运用。

（2）操作姿势正确，动作协调，灵活自然。

（3）雕刻的相思鸟，刀法到位，形象自然，造型美观，清爽利落，合理使用原料、出成率不低于95%。手法熟练，方法正确，能根据雕刻成品的要求和原料的性质灵活运用刀法。造型美观，色泽鲜艳，能对装盛的菜肴起烘托点缀作用。

效果达成

（1）选取一根胡萝卜，前端削成斧刃的形状。

(2) 从嘴部开始，刻出相思鸟的身体轮廓。

（3）从嘴角的后端起刀，将身体的四条棱去掉。

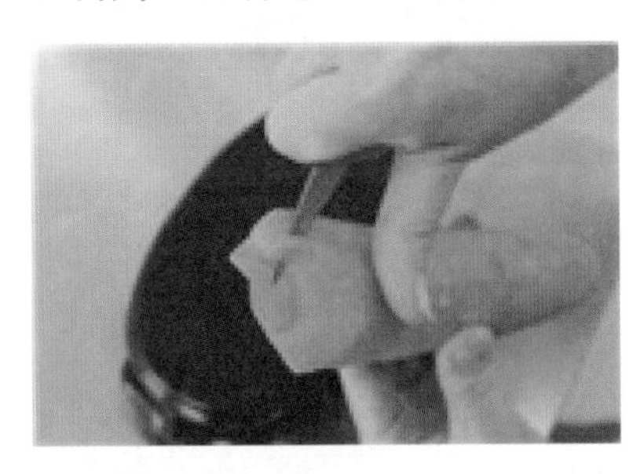
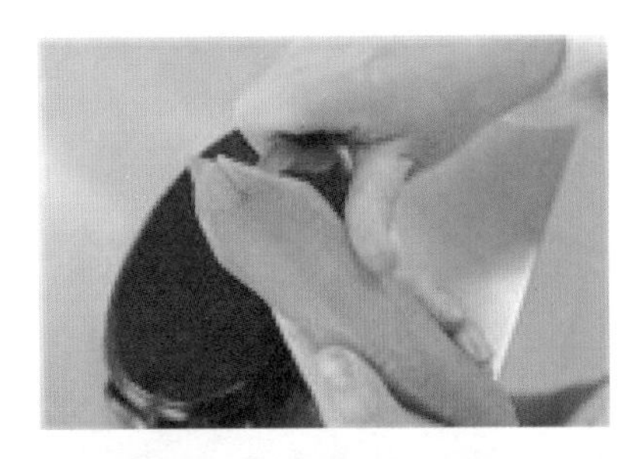
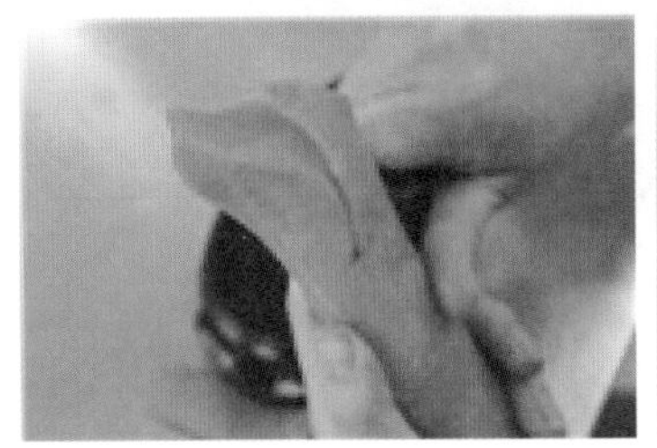
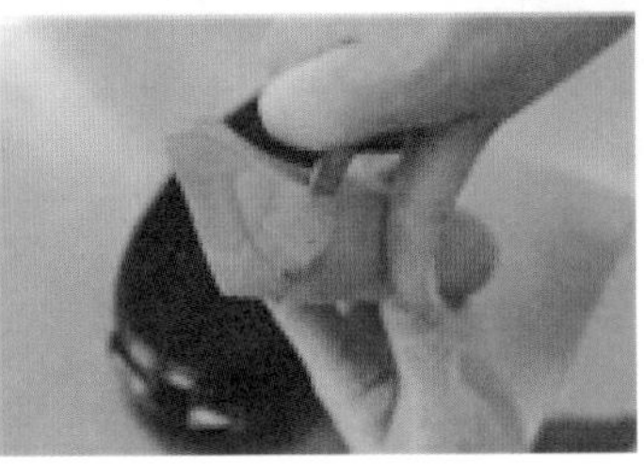
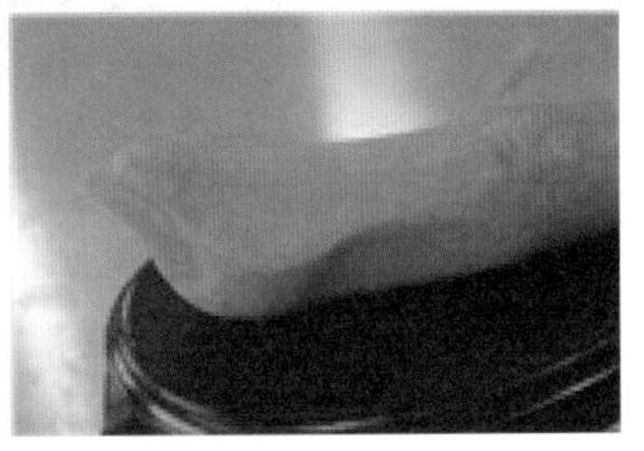

(4)用二号平口刀,刻出相思鸟的嘴(如图 10- 图 14)。再用小号 U 型刀戳出相思鸟的眼睛。

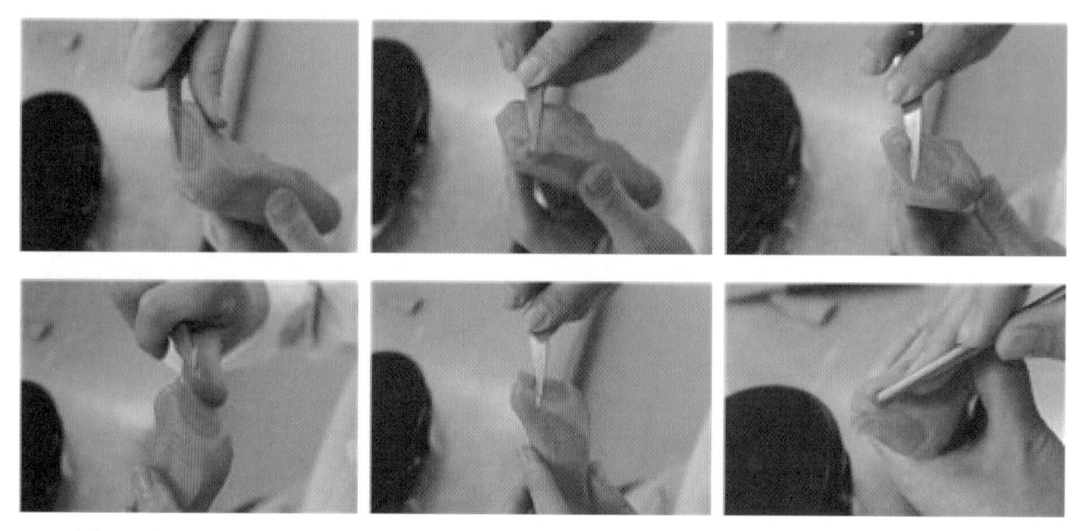

(5)用小号 U 型刀戳出相思鸟的翅膀、尾部。

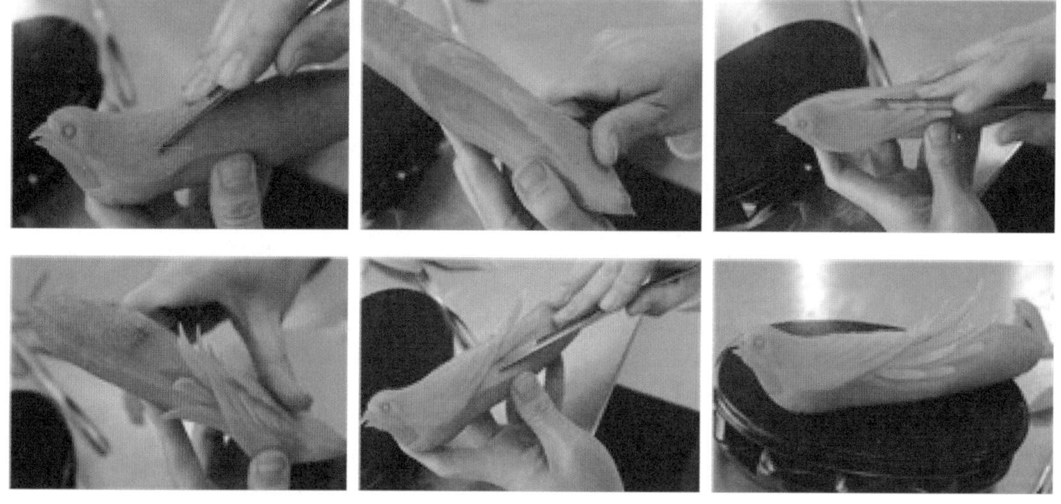

(6)用二号平口刀刻出相思鸟的腿和爪。

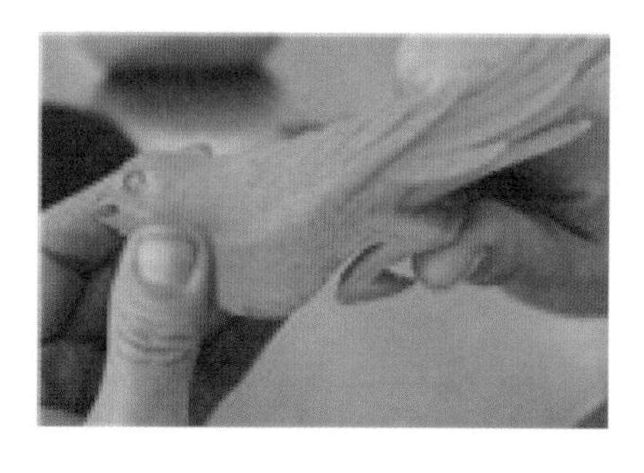

效果超越

禽鸟的姿态变化非常丰富：站、飞、低头、抬头、回头、飞翔、降落。翅膀和爪的雕刻在表现小鸟的神态中,起到很重要的作用。请同学在课后利用本节课所学的相思鸟的雕刻方法,举一反三雕刻不同动势的小鸟。

任务二 制作禽鸟类雕刻——《鸳鸯》

学习目标

1. 知识：禽鸟类雕刻是运用基础刀法雕刻造型的技法，综合运用基本刀法，选用合适的原料、造型雕刻而成。

2. 技能：通过讲授，演示，练习使学生熟练掌握不同动势鸳鸯的雕刻技法。

3. 态度：增强同学间的团结合作意识，提高学生创新能力。让学生感受中国饮食文化中的美学，陶冶情操。

效果展示

食品雕刻在热菜上运用，则要从菜肴的寓意、谐音、形状等几方面来考虑。如“荷花鱼肚”这个热菜，配以一对鸳鸯雕刻，则成了具有喜庆吉祥的寓意“鸳鸯戏荷”。

效果分析

（1）各种刀法在雕刻作品中的熟练运用。

（2）组合作品中色彩的搭配，要对比鲜明。

（3）作品组合要遵循构图法则。

（4）盛器的选择合理。

相关知识

为了让学生更好的掌握鸳鸯的雕刻方法，并且能举一反三，雕刻出不同动势的鸳鸯，同学们应该明确雕刻鸳鸯所使用的用具、原料并熟悉相关技术要求。

（一）用具

（1）食品雕刻刀：一号平口刀、二号平口刀、U 型刀、V 型刀、划线刀、削皮刀。

（2）盛装器皿。

（3）其他用具：502 胶水、手巾板。

（二）原料

牛腿南瓜：牛腿南瓜又称蜜本南瓜。该瓜香、甜、鲜脆、营养价值高、瓜瓤颜色漂亮、质地坚实、细密。

原料要求：表面光洁无损伤，不霉烂变质，表皮没有干燥起皱纹，变软或冻伤，内部密实不空心。

技能训练

（1）戳刀法的熟练运用。

戳刀法：多在使用 U 型刀、V 型刀、戳线刀时运用这种刀法，呈握笔姿势来刻一些花瓣、鳞片、羽毛、衣服的褶皱等。

注意事项：雕刻鸳鸯羽毛时注意羽毛入刀深浅一致，大小均匀。

（2）手法熟练，方法正确，能根据雕刻成品的要求和原料的性质灵活运用刀法。

（3）鸳鸯造型美观，色泽鲜艳，能对装盛的菜肴起烘托点缀作用。

效果达成

（1）选取一块南瓜，切成梯形的坯体。并在上面用划线刀简单的画出鸳鸯的身体轮廓。

（2）刻出鸳鸯的身体轮廓。并刻出鸳鸯的嘴、眼睛。

(3) 刻出鸳鸯的翅膀、羽毛。

(4) 刻出鸳鸯的相思羽和尾翎，并与山石、荷叶组合成作品。

效果超越

请同学在课后利用本节课所学的鸳鸯雕刻方法，举一反三，雕刻出不同动势的鸳鸯。

项目三
鱼虾类雕刻

任务一　制作鱼虾类雕刻——《大虾》

学习目标

1. 知识：掌握鱼虾类的基本特征，列举常用鱼虾类的雕刻实例，了解常用的刀法在雕刻鱼虾类时的运用。

2. 技能：通过对大虾雕刻的讲解和示教，要求学生掌握大虾最基本的特征和基本形态，并熟练掌握其雕刻方法。

3. 态度：培养学生创作意识，熏陶学生美感。探讨鱼虾类雕刻对宴席的美化作用。

效果展示

为了让学生更加熟练戳刀法，并把戳刀法应用到鱼虾类雕刻中，因此选择大虾的组合作品。

效果分析

（1）戳刀法在大虾雕刻中的运用。

（2）作品组合要遵循构图法则。

（3）合理选择盛器。

相关知识

为了让学生更好地掌握戳刀法，掌握大虾的雕刻方法，同学们应该明确雕刻大虾所使用的用具、原料，并熟悉相关技术要求。

（一）用具

（1）食品雕刻刀：一号平口刀、二号平口刀、U 型刀、V 型刀、划线刀、削皮刀。

（2）盛装器皿。

（3）其他用具：502 胶水、手巾板。

（二）原料

牛腿南瓜：牛腿南瓜又称蜜本南瓜。该瓜香、甜、鲜脆、营养价值高、瓜瓤颜色漂亮、质地坚实、细密。

原料要求：表面光洁无损伤，不霉烂变质，表皮没有干燥起皱纹，变软或冻伤，内部密实不空心。

技能训练

（1）刀法：刀法正确，能正确运用刻、戳、旋等刀法。下刀准确、快捷。

戳刀法：多在使用U型刀、V型刀、戳线刀时运用这种刀法，呈握笔姿势来刻一些花瓣、鳞片、羽毛、衣服的褶皱等。

（2）造型：大虾的身体轮廓准确、虾节雕刻整齐、要体现游动的灵活性。

（3）选料：尽量利用原料的自然形状来创作作品。

（4）作品造型美观，颜色谐调。

效果达成

（1）选一块长方形的原料，在原料的上部前端起刀，刻出大虾的背部，呈波浪形。

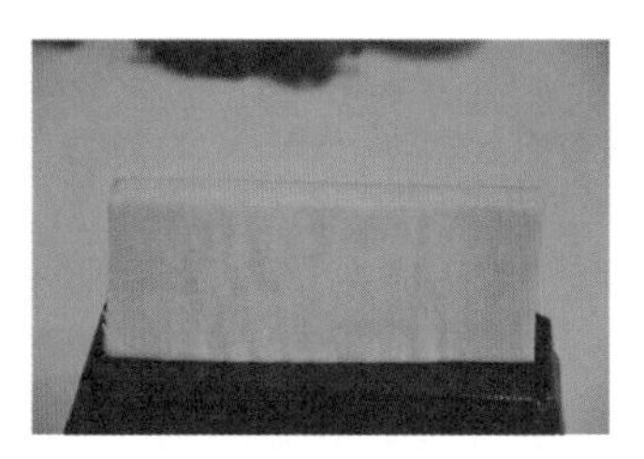

（2）先将虾头和身体后端的两侧各去掉一块废料，再刻出两端尖、中间宽的梭形身体。再用V型刀在侧面刻出三角形的虾的头部、虾节和虾的尾部。

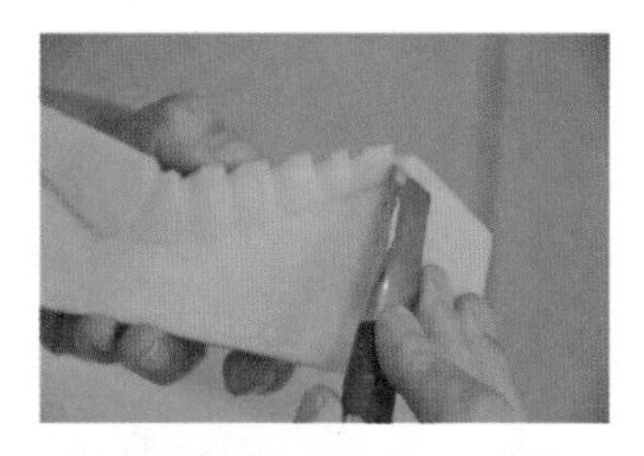

（3）用U型刀刻出大虾的嘴，再用V型刀刻出虾足。

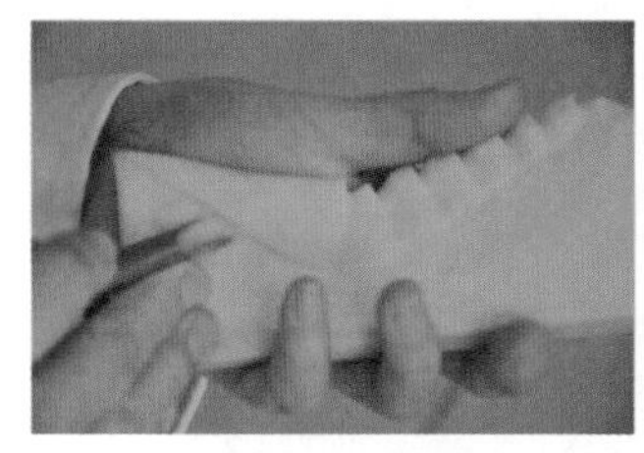

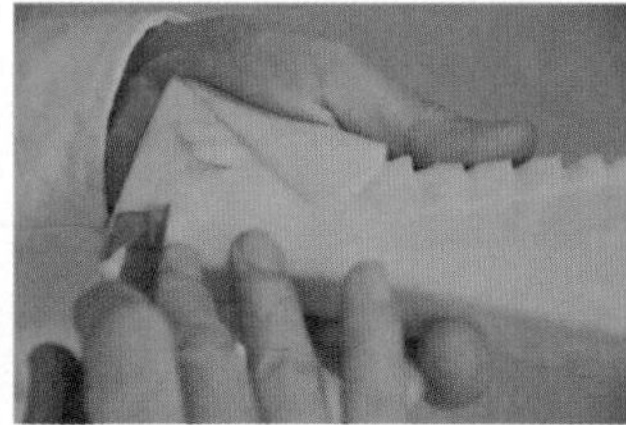

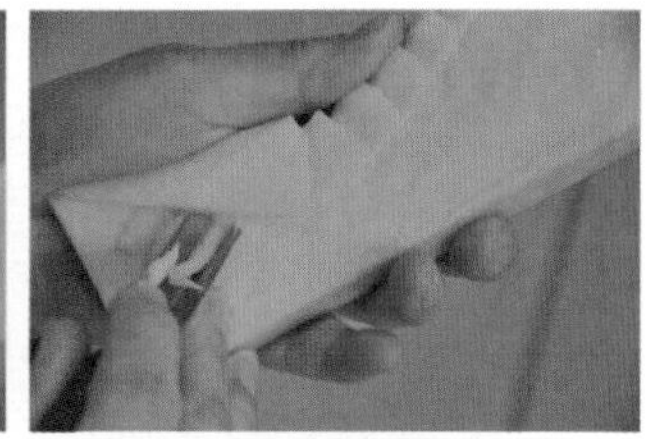

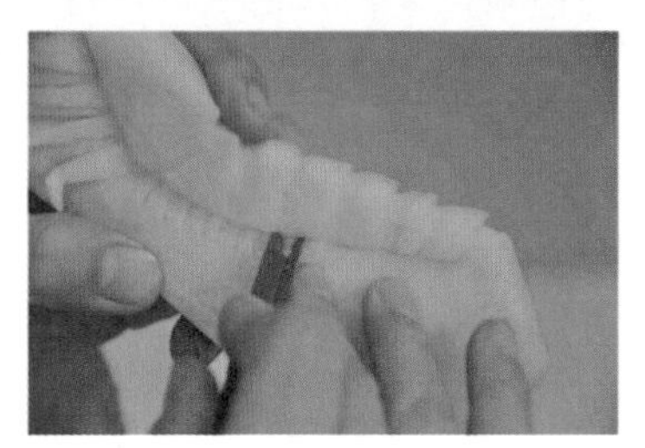

(4) 用 V 型刀、U 型刀直戳法刻出虾尾。

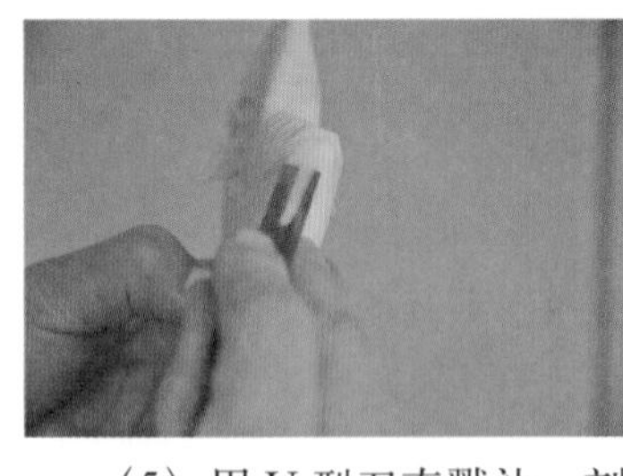
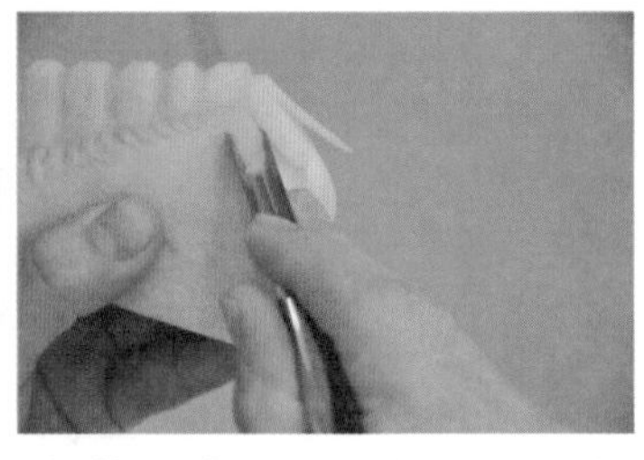
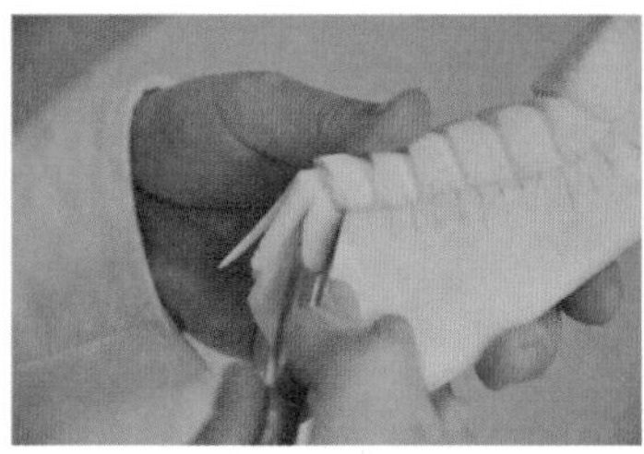

(5) 用 U 型刀直戳法，刻出虾的眼睛。用二号平口刀刻出虾的须。

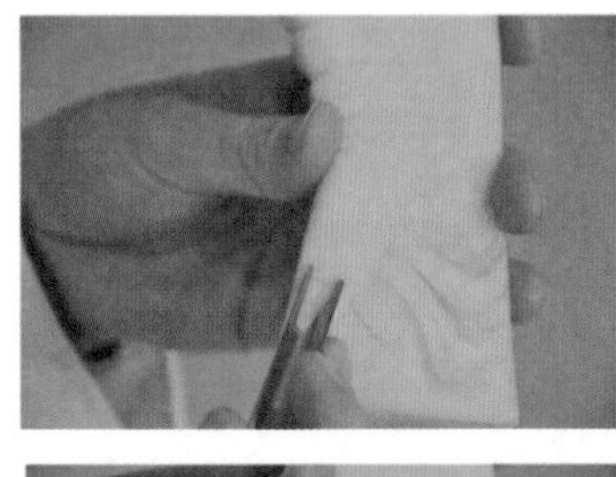
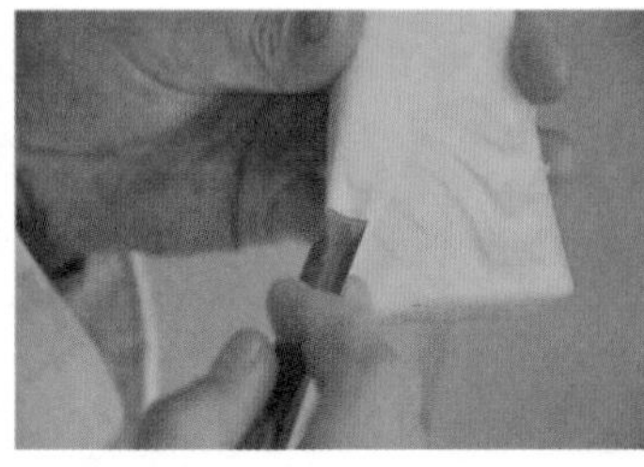
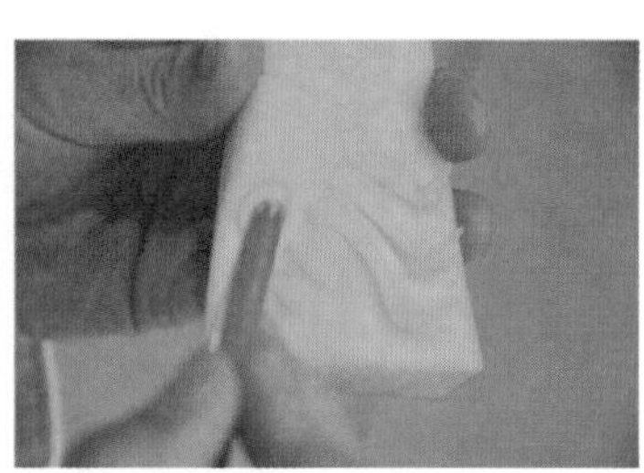
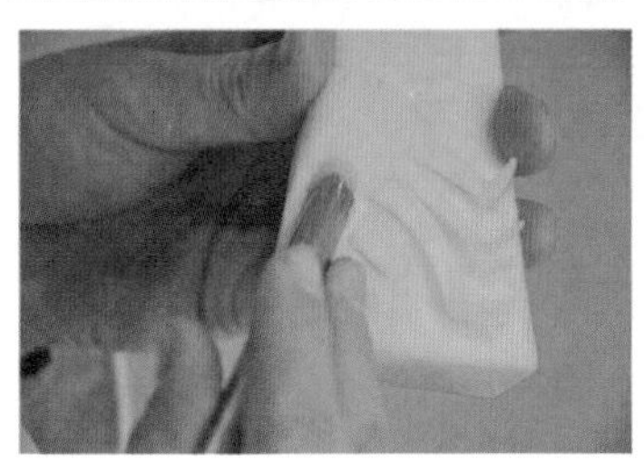
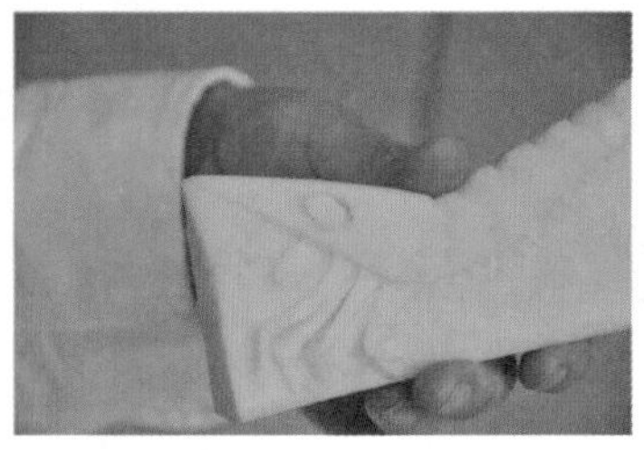
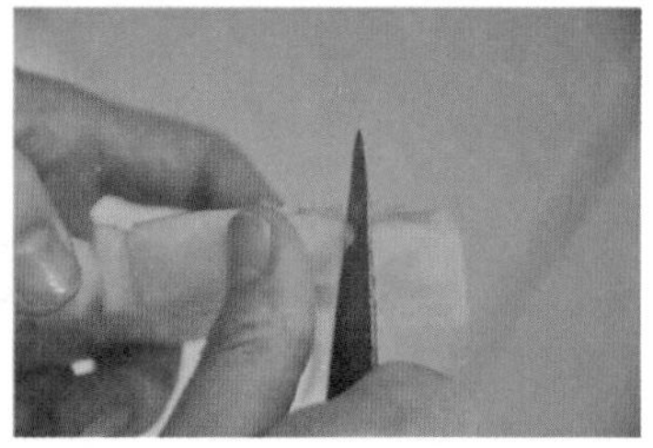

(6) 先用二号平口刀把虾头前端断开。然后手左右晃动去掉身体下端的废料。

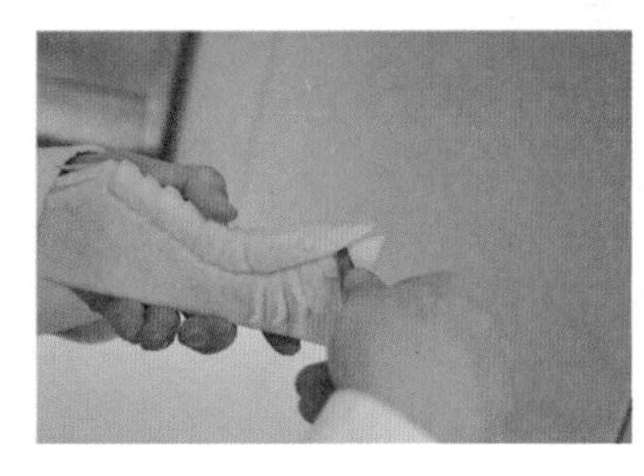
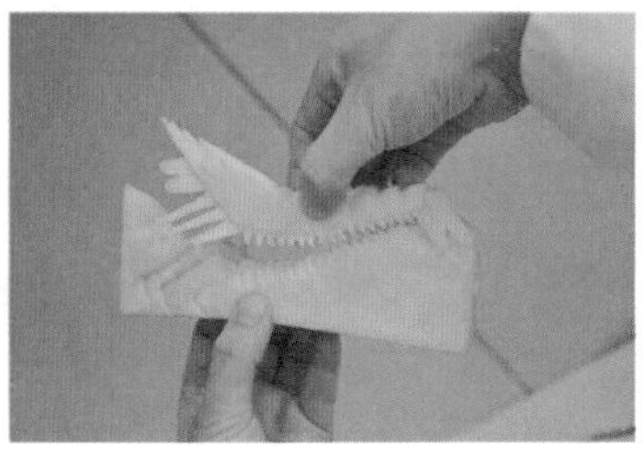

效果超越

请同学在课后利用本节课所学的大虾雕刻方法，举一反三，雕刻出不同动势的大虾。

任务二 制作鱼虾类雕刻——《燕鱼》

学习目标

1. 知识：掌握鱼虾类的基本特征，列举常用鱼虾类的雕刻实例，了解常用的刀法在雕刻鱼虾类时的运用。

2. 技能：通过对燕鱼雕刻的讲解和示教，要求学生掌握燕鱼最基本的特征和基本形态，并熟练掌握其雕刻方法。

3. 态度：培养学生创作意识，熏陶学生美感。探讨鱼虾类雕刻对宴席的美化作用。

效果展示

效果分析

（1）雕刻燕鱼轮廓时比例要合理，注意燕鱼的三角形身体形状。

（2）雕刻燕鱼的眼睛要大，腮要体现咬合肌，嘴张开角度适中。

（3）戳刀法在燕鱼雕刻中的运用。

（4）雕刻燕鱼背鳍时要夸张。

（5）作品组合要遵循构图法则。

相关知识

为让学生掌握燕鱼的雕刻方法，并能独自完成燕鱼的雕刻，学生应需明确雕刻燕鱼所使用的用具、原料，并熟悉相关技术要求。

（一）用具

（1）食品雕刻刀：一号平口刀、二号平口刀、U 型刀、V 型刀、划线刀、削皮刀。

（2）盛装器皿。

（3）其他用具：502 胶水、手巾板。

（二）原料

牛腿南瓜：牛腿南瓜又称蜜本南瓜。该瓜香、甜、鲜脆、营养价值高、瓜瓤颜色漂亮、质地坚实、细密。

原料要求：表面光洁无损伤，不霉烂变质，表皮没有干燥起皱纹，变软或冻伤，内部密实不空心。

技能训练

（1）刀法：刀法正确，能正确运用刻，戳，旋等刀法。下刀准确，快捷。

戳刀法：多在使用U型刀、V型刀、戳线刀时运用这种刀法，呈握笔姿势来刻一些花瓣、鳞片、羽毛、衣服的褶皱等。

（2）造型：燕鱼的三角形身体轮廓准确、鳞片雕刻整齐、水草雕刻灵活。

（3）选料：尽量利用原料的自然形状来创作作品。

（4）作品造型美观，颜色协调。

效果达成

（1）选取一块长方形的南瓜片，刻出燕鱼的三角形身体。

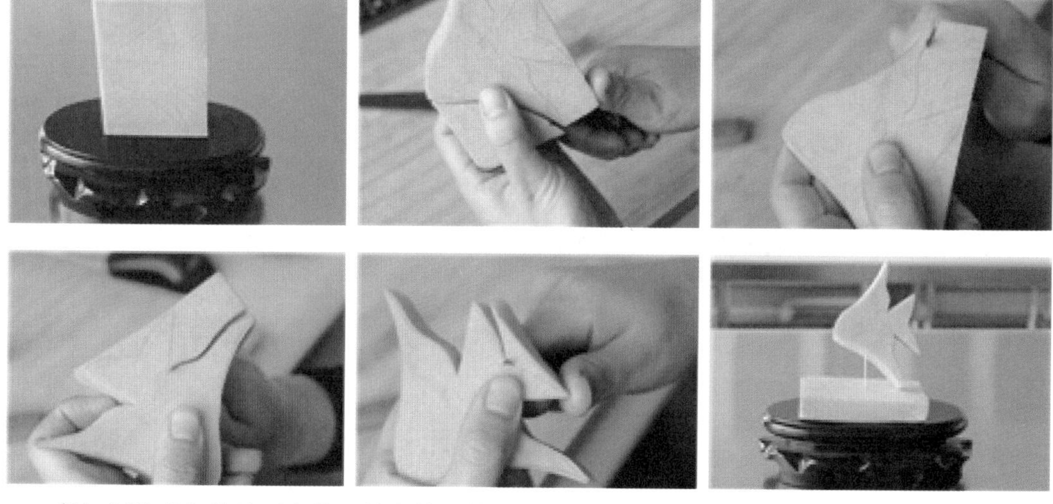

（2）刻出燕鱼的梭形身体，并去掉身体的四条棱。

（3）用U型刀戳出燕鱼的嘴。再用V型刀戳出嘴唇，如图14，最后用V型刀的侧锋戳出燕鱼的鱼鳃。

（4）用小号U型刀刻出燕鱼的眼睛，并装上仿真眼。再用二号平口刀刻出燕鱼的腹鳍。

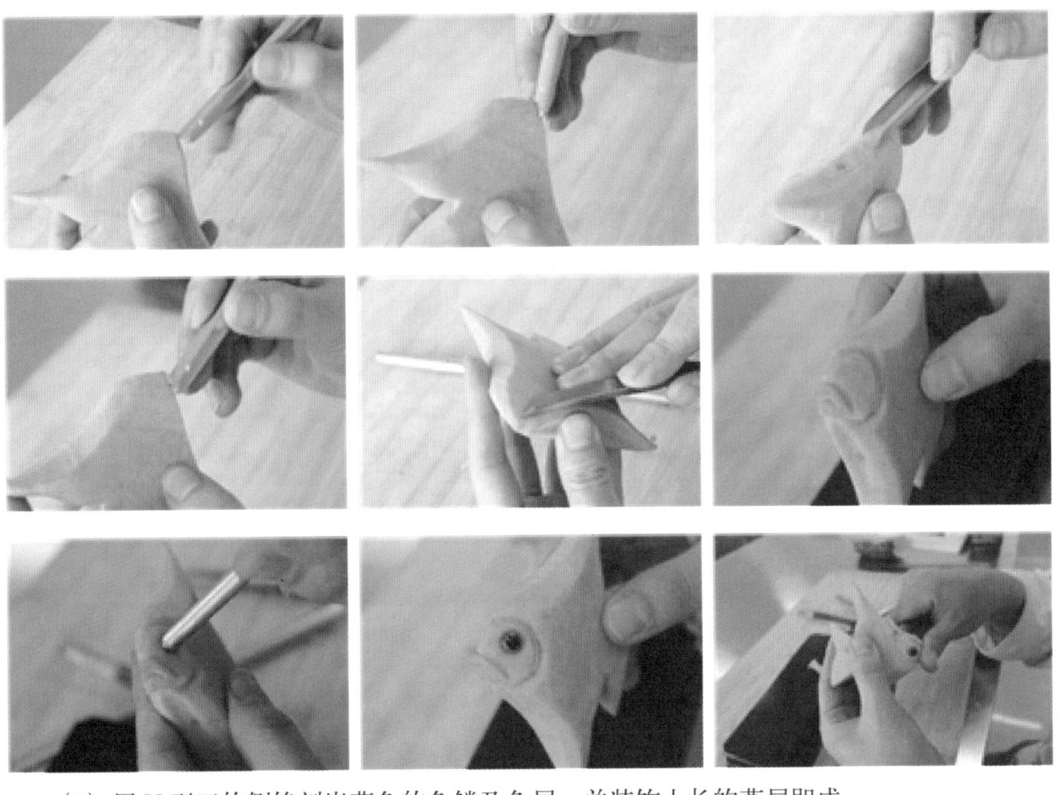

（5）用 V 型刀的侧锋刻出燕鱼的鱼鳞及鱼尾，并装饰上长的燕尾即成。

效果超越

请同学在课后利用本节课制作例食的技术，根据不同形状的盛器制作水果拼盘。

任务三 制作鱼虾类雕刻——《鲤鱼》

学习目标

1. 知识：掌握鱼虾类的基本特征，列举常用鱼虾类的雕刻实例，了解常用的刀法在雕刻鱼虾类时的运用。

2. 技能：通过对鲤鱼雕刻的讲解和示教，要求学生掌握鲤鱼最基本的特征和基本形态，并熟练掌握其雕刻方法。

3. 态度：培养学生创作意识，熏陶学生美感。探讨鱼虾类雕刻对宴席美化作用。

效果展示

一条翻起的鲤鱼身处浪花之中，由浪花托起的鲤鱼再翻越而起。比喻步步高升，连升三级之意。

效果分析

（1）鲤鱼的身体动势较有难度。

（2）各种刀法在雕刻作品中的熟练运用。

（3）作品组合要遵循构图法则。

（4）盛器的选择要合理。

相关知识

为了让同学们掌握鲤鱼的雕刻方法，并能独立完成鲤鱼的制作步骤。同学们应明确雕刻鲤鱼所使用的用具、原料并熟悉相关技术要求。

（一）用具

（1）食品雕刻刀：一号平口刀、二号平口刀、U 型刀、V 型刀、划线刀、削皮刀。

（2）盛装器皿。

（3）其他用具：502 胶水、手巾板。

（二）原料

牛腿南瓜：牛腿南瓜又称蜜本南瓜。该瓜香、甜、鲜脆、营养价值高、瓜瓤颜色漂亮、质地坚实、细密。

原料要求：表面光洁无损伤，不霉烂变质，表皮没有干燥起皱纹，变软或冻伤，内部密实不空心。

技能训练

（1）刀法：刀法正确，能正确运用刻，戳，旋等刀法。下刀准确，快捷。

戳刀法：多在使用 U 形刀、V 形刀、戳线刀时运用这种刀法，呈握笔姿势来刻一些花瓣、鳞片、羽毛、衣服的褶皱等。

（2）造型：鲤鱼轮廓准确、鳞片雕刻整齐、浪花雕刻灵活。

（3）选料：尽量利用原料的自然形状来创作作品。

（4）作品造型美观，颜色协调。

效果达成

原料：南瓜。

工具：一号平口刀、二号平口刀、U 型刀、V 型刀。

制作流程：

（1）选一段南瓜切成三角形，在侧面画出鲤鱼的身体轮廓。

（2）刻出鲤鱼的身体。

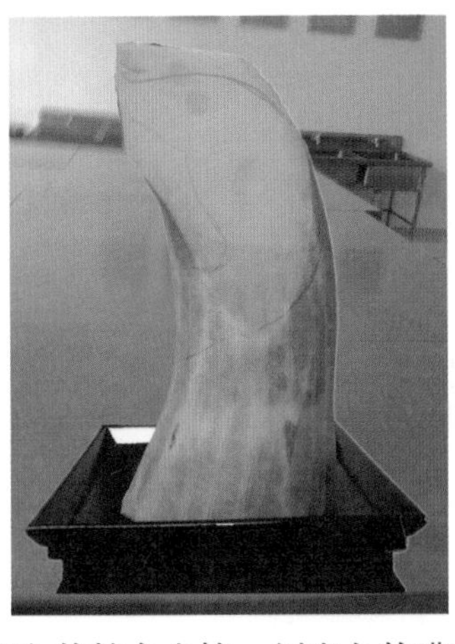

（3）把鲤鱼的棱角去掉，刻出鱼的嘴和腮，安装上眼睛再刻出身体上的鳞片。

（4）刻出浪花的轮廓，再刻出翻卷的浪花和水流的线条。

（5）刻出背鳍、腹鳍和水珠，再刻出嘴里吐出的浪花和明珠，组装到一起即可。

效果超越

请同学在课后利用本节所学的鲤鱼雕刻方法，根据不同形状的盛器制作不同的作品。

项目四 龙头的雕刻

任务 制作龙头类雕刻——《龙头》

学习目标

1. 知识：掌握龙头的基本特征，列举常用龙的雕刻实例，探讨兽类雕刻对宴席美化作用。

2. 技能：了解常用的刀法在雕刻龙头时的运用。

3. 态度：培养学生食品雕刻的文化品位，审美意识，创新意识，实践应用能力和创新能力。

效果展示

“龙”在雕刻作品中应用的比较广泛，多用于大型展台或者婚宴上。

效果分析

(1) 龙头的形状把握准确。

(2) 龙嘴张开的角度要凸显龙的气势。

(3) 龙的鬃毛、龙须要自然、飘逸有动感。

(4) 多种刀法的综合运用。

相关知识

为让同学们熟练各种刀法的综合运用，以便于将来的实习工作，同学们应明确雕刻龙头所使用的用具、原料，并熟悉相关技术要求。

(一) 用具

(1) 食品雕刻刀：一号平口刀、二号平口刀、U 型刀、V 型刀、划线刀、削皮刀。

(2) 盛装器皿。

(3) 其他用具：502 胶水、手巾板。

(二) 原料

牛腿南瓜：牛腿南瓜又称蜜本南瓜。该瓜香、甜、鲜脆、营养价值高、瓜瓤颜色漂亮、质地坚实、细密。

原料要求：表面光洁无损伤，不霉烂变质，表皮没有干燥起皱纹，变软或冻伤，内部密实不空心。

技能训练

（1）去皮：将牛腿瓜表面的皮去掉。

注意事项：手要扶稳原料，去皮刀在运行时要紧贴瓜皮，走刀要稳，这样去皮后的原料表面光滑、无凸凹感。

（2）刀法：多种刀法的综合运用

戳刀法：多在使用U型刀、V型刀、戳线刀时运用这种刀法，呈握笔姿势来刻一些花瓣、鳞片、羽毛、衣服的褶皱等。

切刀法：多在使用平口刀操作时运用这种刀法，用来做一些作品的坯体轮廓。

刻刀法：多在使用二号平口刀时运用这种刀法，刻刀法多用来雕刻作品的轮廓和细致位置。此种刀法的特点是线条流畅、灵活多用。

旋刀法：多在使用二号平口刀时运用这种刀法，用来雕刻龙的嘴唇等部位。

（3）造型：要求构思新颖，造型别致、逼真、观之有赏心悦目之感。

（4）基本功：选料新鲜、适当、符合作品要求，手法正确，线条清晰，总体整齐。

（5）卫生：雕刻成品无手迹、斑迹，保持原料本身色泽或经调配后的色泽。

效果达成

（1）选一块长方形的原料，在侧面画出龙头的轮廓，再刻出龙头的形状。

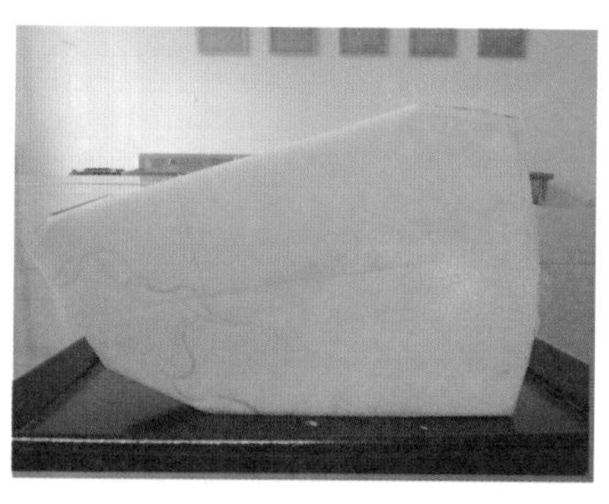

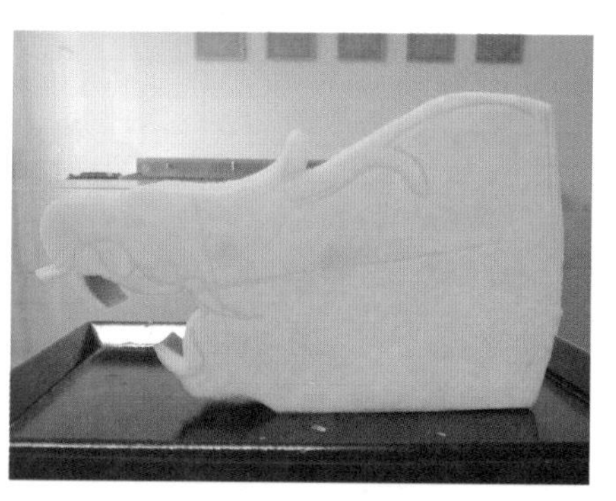

（2）刻出嘴唇的下端并把牙齿侧面的废料去掉，再刻出龙的鼻翼和鼻孔。

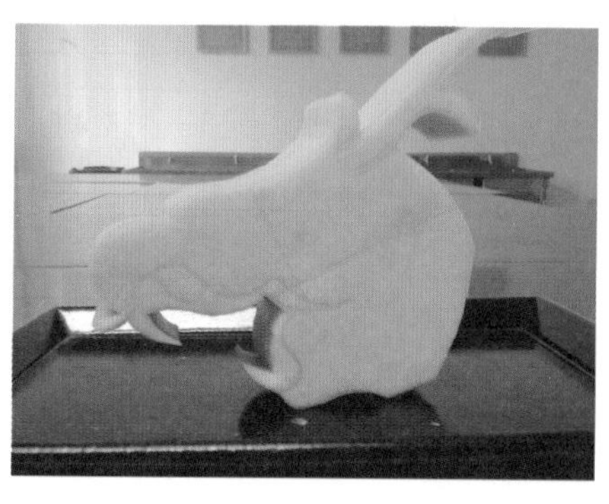

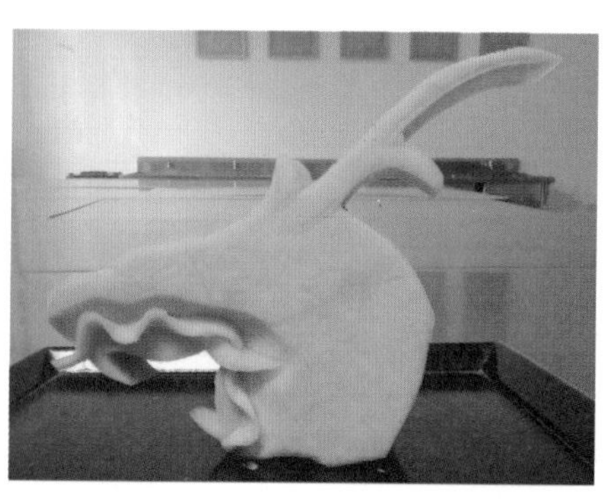

(3) 刻出嘴唇的上端和腮部，再刻出眼睛和眉毛，最后刻出鼻梁和脑门。

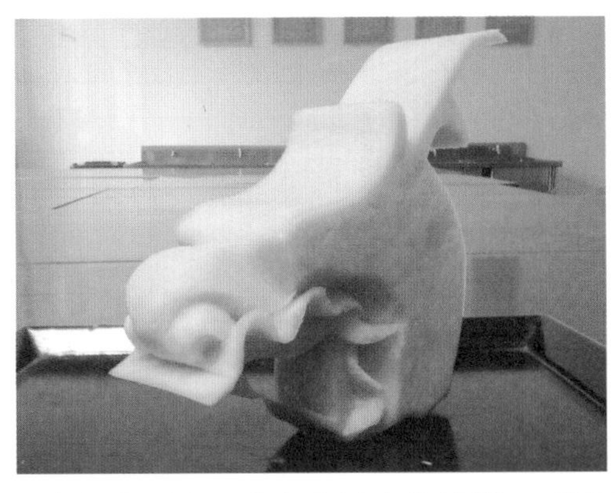
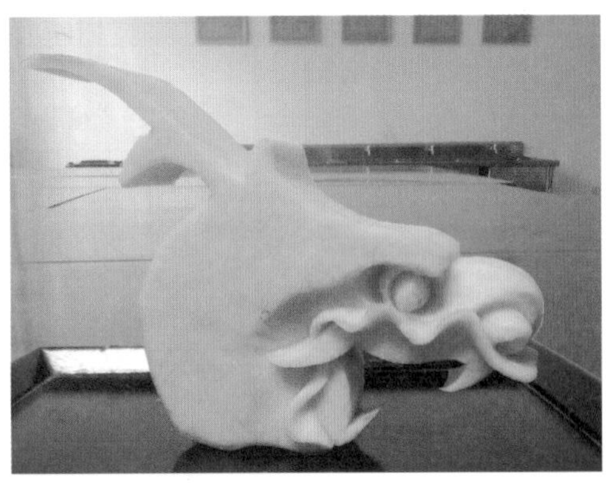

(4) 先刻出牙齿和鼻梁上的皱褶，再刻出鼻子前的胡须，组装到一起。再刻出腮后面的鳞片和耳朵，最后刻出龙角。

(5) 刻出龙的鬃毛、龙须和舌头，组装到一起。

效果超越

请同学在课后利用本节所学的龙头的雕刻方法，雕刻出不同的作品。

模块评价表

评分内容	标准分	扣分幅度	扣分原因				实得分
主 题	20	1 ~ 20	构思 不新颖 1 ~ 5	设计 不合理 1 ~ 5	主题 不突出 1 ~ 5	其 他	
造 型	30	1 ~ 20	形态 不美观 1 ~ 10	层次 不清晰 1 ~ 10	比例 失调 1 ~ 10	其 他	
刀 工	30	1 ~ 30	手法 不当 1 ~ 10	刀工 不细腻 1 ~ 10	技法 简单 1 ~ 10	其 他	
配 色	10	1 ~ 10	色调 不协调 1 ~ 5	着色 不均匀 1 ~ 2	本色运用 不充分 1 ~ 2	其 他	
卫 生	1	1 ~ 10	作品有 污迹 1 ~ 2	作品有 异物 1 ~ 2	盛装器皿 不洁 1 ~ 2	其 他	
合 计	100	实际得分小计_____					

模块四 艺术冷菜拼摆

有形的画、无言的诗，冷菜拼摆是中国烹饪艺术中的奇葩，它是以常见的烹饪原料经过厨师精心设计与艺术构思，用双手拼摆成具有艺术性的拼盘，是宴席中的第一道菜。

冷菜拼摆制作就是将加工整理的原料经过烹调或腌渍制成冷菜，有的还需再经过刀工处理，按一定的规格要求，整齐美观地装入盛器。这不但要求有精湛的冷菜烹调技术，还需要有熟练的刀工技术和装盘技巧。既要有一定的艺术素养，又要考虑冷菜、冷菜拼摆制作过程中的科学性，要根据就餐人数、价格标准、饮食习惯等因素来设计冷菜，使冷菜、冷菜拼摆在色、香、味、形、器等几方面俱臻完美。

冷菜拼摆历史悠久，它是我国烹饪技术的宝贵遗产，是劳动人民在长期实践中创造出的一门食品艺术。早在先秦时就已出现了早期冷菜拼摆，当时仅作祭品陈列，不供食用。到了唐宋时期，冷菜拼摆则成为酒席宴上的佳肴。当时有用五种肉拼制的“五生盘”，还有用鱼类食品拼成形似牡丹花的“玲珑牡丹”。最有代表性的为大型风景冷菜拼摆《辋川小样》二十景，它是用脍、脯、酱、瓜、蔬等多种原料拼制而成。此冷菜拼摆不但用料丰富，而且构思巧妙，将每只盘内拼制一景，然后将二十盘风景浑然一体构成“辋川别墅”风光。这说明早在1 000多年前的唐代，我们先人就能以丰富的原料和巧妙的构思，加以精湛的刀工，拼制出高水平的风景冷菜拼摆，充分显示出古代劳动人民的聪明才智。

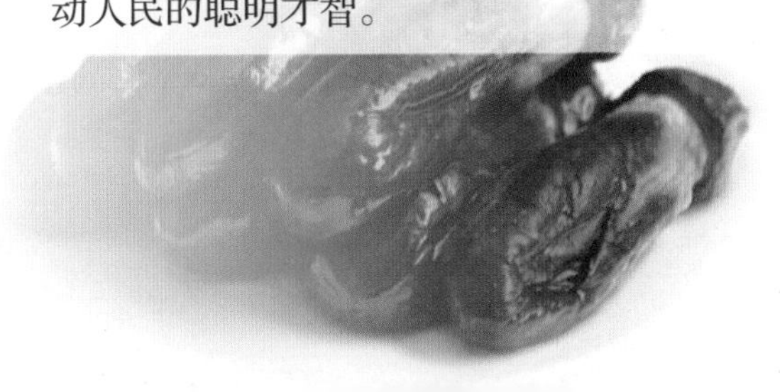

冷菜拼摆能反映出厨师的艺术修养和技能技巧。在宴席中，它是开路先锋，首先与宾主见面，并以其精湛的刀工、优美的造型、明快的色彩、丰富的口感给宾主留下深刻的印象。这些都要靠厨师从构思命题到拼摆造型等进行一系列的艺术构思和创造。

冷菜拼摆能反映出筵席的档次及内容。拼盘作为筵席的重要组成部分，一般要占整个筵席菜肴成本的20%左右。此外，冷菜拼摆还应紧扣宴会的主题，结合宴会的内容，制作出各种款式新颖、立意鲜明、形态活泼的艺术作品，以达到活跃宴会气氛，丰富食客雅兴，增进宾主友谊，烘托宴席气氛的艺术效果。

项目一

制作例食冷菜拼摆

任务一　制作例食冷菜拼摆——《冷菜三拼》

学习目标

1. 知识：掌握例食冷菜拼摆选料、刀工切配、拼摆的原则。

2. 技能：借助教师、同学及网络的帮助，感受实际工作中例食冷菜拼摆制作的一般工作流程，学会表达解决问题的过程和方法。

3. 态度：培养学生卫生意识，熏陶学生的美感，以及提升团队协作能力。

效果展示

冷菜三拼就是把三种不同颜色、不同口味、不同原料制成的冷菜装在一个盘内，形成一个完美组合的整体。它要求冷菜的色彩、刀工、口味、数量的比例、拼摆的角度等方面要安排恰当，其技术难度要比双拼复杂一些，以馒头形、桥梁形为主。

效果分析

（1）将三种原料分别修成长 5 cm，高 2 cm 的水滴形状，切片时薄厚适中均匀一致。

（2）成品色彩搭配丰富，三种原料制作大小形状相同，高度相同，形状饱满，圆润，成品成半球体。

（3）片与片之间拼摆密度为 0.5 cm，均匀一致，各原料上下层距离相同。

（4）垫底原料切成粗细相同长度为 5 cm 的细丝。

相关知识

为了更好地完成本任务，应明确制作例食冷菜拼摆所使用的用具、原料，并熟悉相关技术要求。

（一）用具

例食冷菜拼摆专用刀、例食冷菜拼摆专用砧板、8 寸平盘、专用手巾板以及废料盆。

（二）原料

（1）白萝卜：萝卜皮表光滑，颜色洁白，无霉斑，大小适中，用手挤压能感到肉质紧绷硬实，水分充足为好。

（2）胡萝卜：萝卜表皮光滑，颜色深红，无腐烂，在萝卜根处无青绿色筋，用手拍打感到肉质紧绷硬实，水分充足为好。用清水煮制，到熟透。

（3）午餐肉：外形完整，肉质紧绷，其中肉质颗粒细腻，表皮略有油脂，肉香浓厚，无腐烂为好。

技能训练

（一）原料切配

1. 原料修型

取一块原料，现将两侧用直刀推的刀法修成慢坡型，之后把大头修成正半圆。将三种原料修成一大一小的两组雨滴型料型，每组料型大小相同。

2. 原料切片

用推刀切的方法对原料进行下片，注意薄厚大约在 0.2 cm。

3. 制作梁

将白萝卜切成三个四分之一圆的形状，要求大小薄厚相同。

注意事项：修改原料时手要握紧原料，料型大小要掌握好，走刀时要贴紧原料一刀成型，这样才能使原料光滑圆润。

（二）垫底制作

1. 垫底原料

将三种原料用推刀切的方法切成粗细均匀的细丝。

2. 制作流程

现将制作好的梁散放在盘子中间，每两个梁之间的间距保持在 120°，使三个空隙保持相同，将经过处理的三种垫底原料放在梁之间的空隙里，对原料进行塑形，塑形成正半圆体。

注意事项：注意三种原料塑形的大小高矮相同，塑好型后注意观察形状是否是正半圆体。

效果达成

（1）将三种原料分别修成长 5 cm、宽 2 cm 和长 4 cm、宽 1.5 cm 一大一小两组水滴料型。

（2）利用推刀切的方法将三种修改好料型的原料分别切成 0.2 cm 的薄片。

  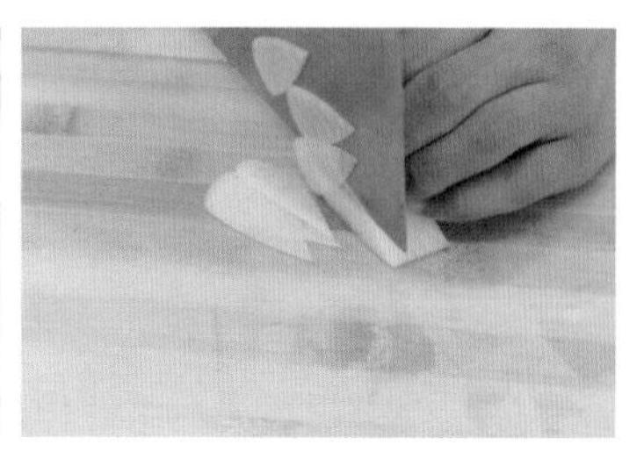

（3）取一段白萝卜，将其先修改成四分之一圆形后，再将切成三片厚度 1 cm 的片状备用。

 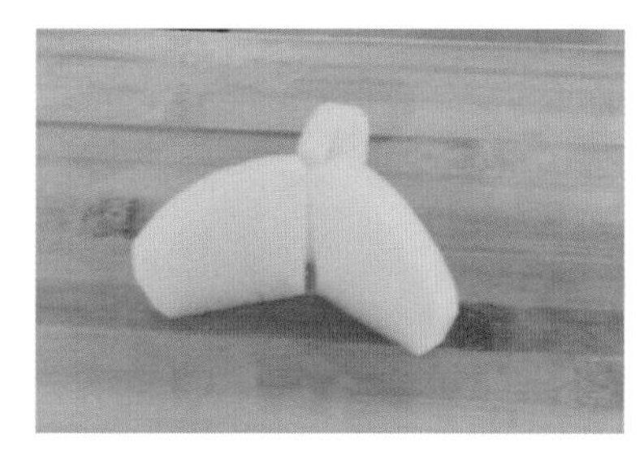

（4）三种原料各取一块，将其切成细丝做垫底原料备用。

（5）取 8 寸平盘将事先切配好的白萝卜厚片做梁放入盘中，将三种垫底原料的细丝放在梁与梁之间的空隙中，压实。

（6）将切好的三种原料的片，从白萝卜、胡萝卜、午餐肉的顺序分别摆在对应的垫底原料上，从左向右进行拼摆，片的尾部都冲向圆心，充分包裹住垫底原料，上层盖住下层的片。

（7）全部拼摆完后整理作品，小心地向斜上撤掉梁，再次整理菜品，完成。

（8）卫生清理。将剩余的原料用保鲜膜包好，放入保鲜冰箱中，清理砧板，清理刀具，清理操作台卫生。

效果超越

请同学在课后利用本节课制作例食冷菜拼摆的技术，根据需求制作造型不同的锦绘拼盘。

任务二　制作例食冷菜拼摆——《什锦拼盘》

学习目标

1. 知识：掌握例食拼摆选料、刀工切配、拼摆的原则。

2. 技能：能够更好地将理论用来指导实践，然后再将实践结果用来验证这一理论，从而提高学生的动手操作能力。

3. 态度：利用学生所闻所见所做的冷菜拼摆实例使学生在轻松愉快的气氛中享受学习，提高学生的学习兴趣，使学生的“要我学习”变为“我要学习”

效果展示

什锦拼盘就是将多种不同的冷菜，经过刀工处理拼摆在一只盘内，这种冷菜拼摆比冷菜三拼技术难度更大，它讲究刀工粗细，色彩协调，口味搭配合理，数量比例恰当，器皿选择合适，冷菜拼摆图案悦目，造型整齐美观。其式样有圆形、花朵形等，给人一种心旷神怡的感觉。

效果分析

（1）修改各种原料料型大小一致，切配修型后的各种原料要薄厚一致。

（2）切配垫底原料，丝不宜过粗。

（3）拼摆原则冷色、暖色要分开，荤素要分开。

（4）拼摆要紧密，造型成梅花状。

相关知识

为了更好地完成本任务，应明确制作例食冷菜拼摆所使用的用具、原料，并熟悉相关技术要求。

（一）用具

例食冷菜拼摆专用刀、例食冷菜拼摆专用砧板、8 寸平盘、专用手巾板以及废料盆。

（二）原料

白萝卜、小黄瓜、煮胡萝卜（六分熟，便于刀工切配）、盐水笋、盐水方火腿、卤蛋干、午餐肉。

（三）拼摆原则

冷菜拼摆的拼摆不仅要讲究刀工、色彩、口味、形状等要求，还要注重食用价值，切忌单纯追求形式的美，用一些无味的雕刻品或生料竹扦、树叶、金属来装饰冷盘，给人一种中看不中吃、不卫生的感觉。同时也要避免单纯考虑食用价值，忽视冷菜拼摆的艺术美。要求拼接的冷盘色泽和谐，形态美观，生动逼真，富有变化，口味搭配合理，符合营养卫生要求。还应根据宾客的宗教信仰，忌讳爱好，筵席主题，季节变化等因素作适当的调整。

技能训练

（一）原料切配

1. 原料修型

将小黄瓜、熟胡萝卜、盐水方火腿、卤蛋干、午餐肉五种原料用直刀切的刀法，修成长 6 cm，高 2 cm 的大小相同的雨滴形料型。

2. 原料切片

将五种原料用直刀切的刀法切成 0.2 cm 厚的薄片。

注意事项：修改料型要掌握好料型的大小，一次成型，切配原料下片时要注意薄厚一致，避免原料在拼摆时高低不一致。

（二）垫底原料制作

将白萝卜洗净后，去掉外皮，切成 0.1 cm 粗，4 cm 长的丝，在用盐腌制后，备用。

注意事项：白萝卜丝注意不要太长，太长不宜塑性，丝一定要均匀一致，注意盐腌要适量。

（三）拼摆

1. 拼摆扇面

将五种原料切好的片，拼摆出正扇面，大小一致，密度相同。

2. 垫底装盘

取适量的垫底原料，先放在砧板上，将拼摆好的扇面对好中心放在垫底原料上，调整好位置后，用手压实。再用刀挪到盘中指定的位置。

注意事项：拼摆的扇面饱满圆润，注意起片和尾片的角度，装盘时注意五种原料的位置，角度与紧密程度，保证成品的美观。

效果达成

（1）取午餐肉，平放于菜板上，用平刀片的方法入刀，刀进后顺势向下走刀使原料表面成向下的弧形，反面用同样操作使原料成“盾牌”状。再将大头处修圆成“水滴状”备用。

（2）利用相同的方法将其他四种原料修改成“水滴状”。

（3）将五种原料切成 0.2 cm 薄片备用。

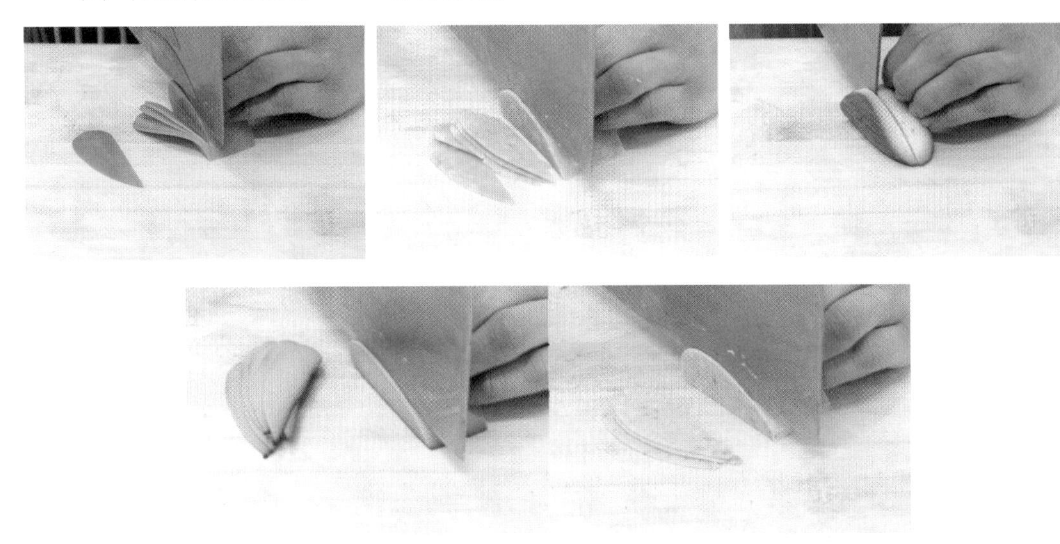

（4）将白萝卜用推刀发切成长 4 cm 的细丝，并用盐进行调味。

（5）分别将五种切配好片状的原料拼摆成小正扇面，备用。

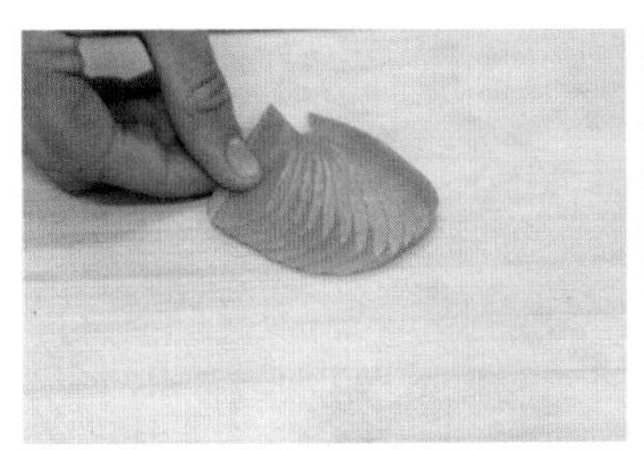

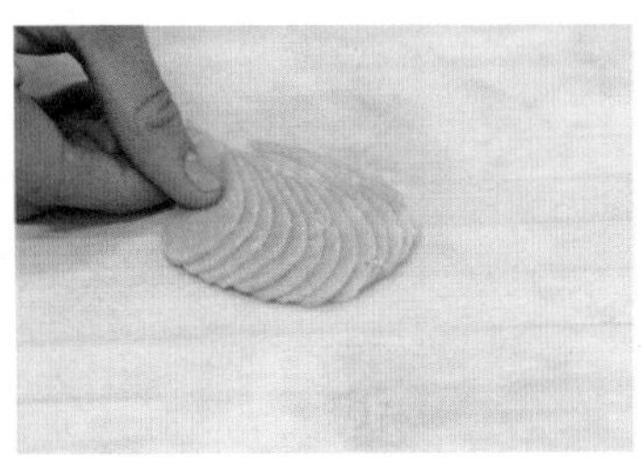

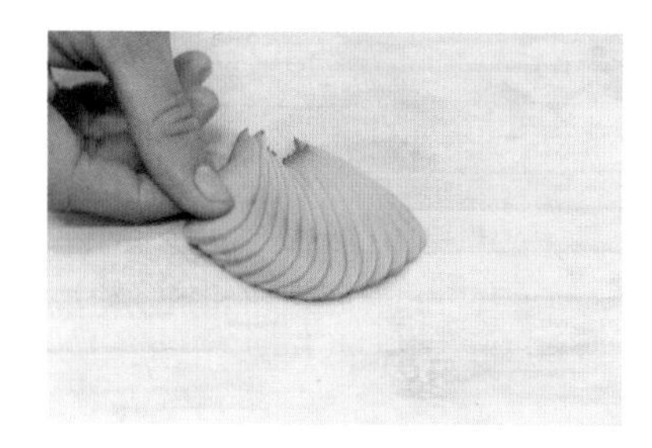

（6）取切配好的白萝卜丝，适量的分成五份做垫底原料，将拼摆好的五种扇面原料分别覆盖到垫底原料上，并用按实。

（7）将摆好的五种原料分别摆入盘中，每种原料的第一片压住上一种原料的最后一片，拼摆成梅花状。

(8) 取盐水笋切成细丝，摆在拼摆好的梅花形上方盖住漏洞即可。

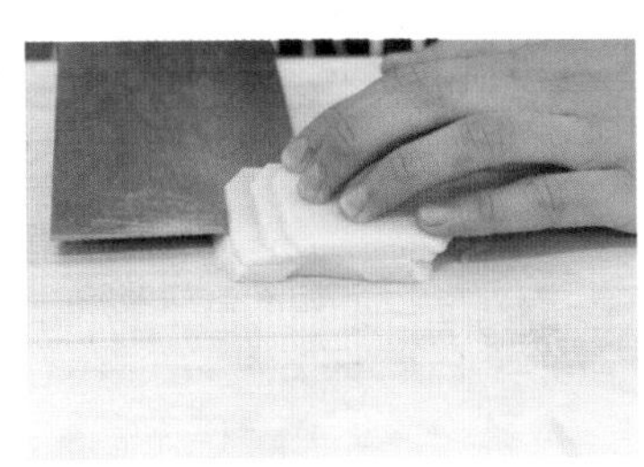 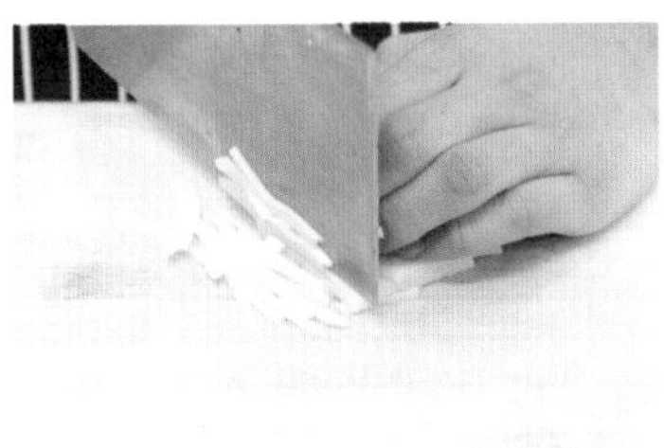 

(9) 卫生清理。将剩余的原料用保鲜膜包好，放入保鲜冰箱中，清理菜板，清理刀具，清理操作台卫生。

效果超越

请同学在课后利用本节课制作例食的技术，根据不同需求制作造型不同的锦绘拼盘。

任务三　制作例食冷菜拼摆——《春意》

学习目标

1. 知识：掌握例食冷菜拼摆选料、刀工切配、造型设计、拼摆的原则。

2. 技能：通过理论教学和实践训练，经过系统学习、菜品模仿练习和巩固、独立操作实践等过程能够让学生对冷菜工艺有一个系统的认识和把握。

3. 态度：培养学生卫生意识，熏陶学生的美感，以及提升团队协作能力。

效果展示

冷菜拼摆是宴席中的头菜，是上菜的“开路先锋”，根据宴席的内容和规格，它衬托了宴席的气氛，表达了宴席宾主的心愿，从而起到了画龙点睛的作用。例食冷菜拼摆是针对每位宾客所制作的不同造型的冷菜拼摆。其特点是造型新颖，制作精细，原料多样。

效果分析

（1）切配各种原料要薄厚均匀一致。

（2）成品色彩搭配丰富饱满。

（3）拼摆要紧密，注意山石和花朵的比例。

（4）制作小花时将小番茄切配成大小不同的花瓣。

相关知识

为让宾客满意，并且顺利地完成本任务，应明确制作例食冷菜拼摆所使用的用具、作品配色原则，并熟悉相关技术要求。

（一）用具

例食冷菜拼摆专用刀、例食冷菜拼摆专用砧板、8 寸平盘、专用手巾板以及废料盆。

（二）原料

小黄瓜、煮胡萝卜（六分熟，便于刀工切配）、盐水笋、红黄小番茄、盐水方火腿、卤蛋干、酱猪肝。

（三）例食冷菜拼摆配色原则

例食冷菜拼摆的色泽好坏，不仅影响外观，而且关系到能否刺激人们的食欲。所以在制作例食冷菜时，要从色泽的角度来进行烹调、装盘，这要求我们既要熟悉各类烹饪原料的本色，又要了解原料加热后的变化，还要懂得借助调味品颜色来改变原料的色彩。此外，还应懂得各种冷菜拼装或组合在一起的色相对比、明暗对比、冷暖对比、补色对比等，使整个冷菜拼接色彩鲜艳、浓淡相宜、相互映衬、和谐悦目，给人以舒适愉快的感觉。

技能训练

（一）原料切配

1. 原料修型

将盐水笋修成长 5 cm，宽 1 cm 的长雨滴型。盐水方火腿修成长 4 cm，宽 2 cm 的雨滴型。熟胡萝卜修成长 4 cm，宽 1 cm 的雨滴型，酱猪肝修成长 3 cm，宽 2 cm 的正半圆形。

2. 切配树枝

将卤蛋干的深色外皮，用小雕刀刻出两个树枝的形状。

3. 小番茄花

取 3 个红色小番茄，用小雕刀刻出 7 个花瓣，一个长条形，长 3 cm，高 0.5 cm，做花心，刻出 3 个小圆瓣高 1.5 cm，宽 2 cm，做中层花瓣，再刻出 3 个大圆瓣高 2 cm，宽 3 cm，做外层花瓣。

4. 原料切片

将修好的料型用直刀切的刀法切成 0.2 cm 宽的片，小黄瓜斜刀切成长 4 cm，薄 0.2 cm 的片，小番茄用小雕刀切成 0.2 cm 的片。

注意事项：修改原料下刀要稳，避免修改的料型表面有凹凸感。料型大小要掌握好，用小番茄刻的花瓣不要太薄，不宜塑形。小番茄切片不要切散，其中的汁容易溢出来。

（二）垫底制作

将盐水笋切成长 5 cm，宽 0.1 cm 的细丝。

（三）拼摆

1. 山石

先将切好的盐水笋片，拼摆出一个扇面，扇面的中心偏左，在盘子的中间偏左位置放上适量的垫底原料，将拼好的盐水笋扇面盖在垫底原料上，之后把切好的小番茄片用手拼摆出小扇面型，放在盐水笋的左下方，再将切好的方火腿片拼摆出正扇面型，摆在小番茄的下方，再将切好的小黄瓜拼摆出一个正扇面，稍比方火腿扇面大些，摆在方火腿下方，再将切好的酱猪肝拼摆出一个叶子型，摆在盘子的右方偏下位置，最后把切好的熟胡萝卜片拼摆出一个大扇面，能够盖住两侧的扇面。

2. 番茄花

先将刻好的两个树枝摆放在盘子上方的指定位置上，在两个树枝的中间，先用长条的番茄花瓣，卷成花心放在中心，再把中层的 3 个花瓣围在花心周围，最后把外层的 3 个大花瓣摆在花的外圈，把中层的花瓣顶起来。

3. 装饰

用荷兰瓜的外皮用梳子刀的刀法，切成树叶的形状，在用小番茄的外皮做出小花苞的形状，一起放在树枝上，进行点缀。最后用西兰花盖住山石的底部。

注意事项：注意山石摆放的位置和紧密程度，拼摆番茄花要注意花的结构。

效果达成

（1）将盐水笋切成长 5 cm，宽 0.1 cm 的丝，做垫底原料备用。

（2）另取盐水笋修改成长 5 cm，宽 1 cm 的长雨滴型。用直切的方法切配成 0.2 cm 的片，拼摆成重心偏左的扇面，备用。

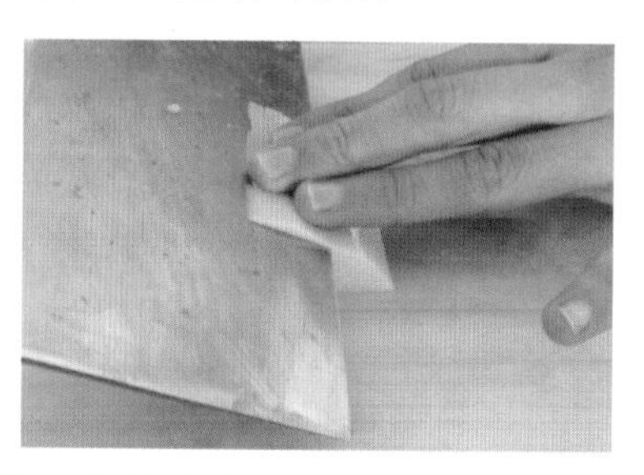 

（3）将红色小番茄纵向切片，拼摆成扇面，备用。

 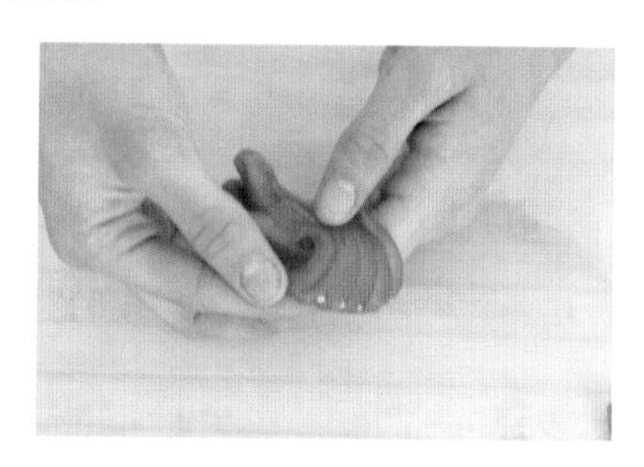

  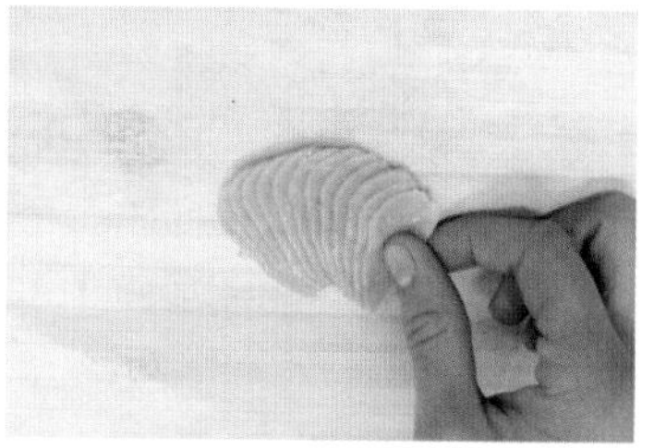

（4）将方火腿修成长 4 cm，宽 2 cm，用直切的方法切配成 0.2 cm 的片，拼摆出正扇面，备用。

（5）将荷兰瓜斜向切成 0.2 cm 厚的椭圆形片，拼摆成扇面形，备用。

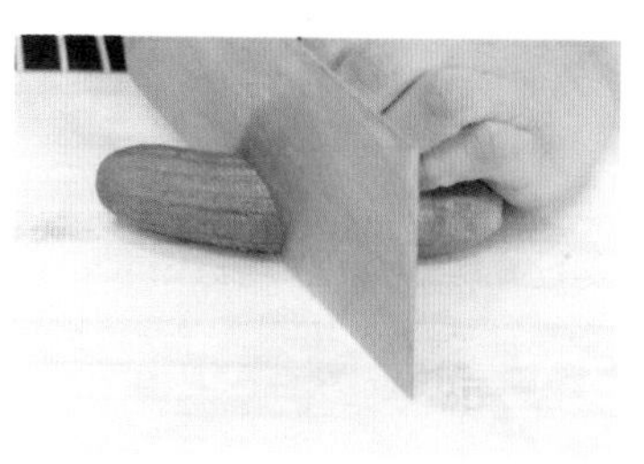 

(6)将酱猪肝修成半圆型料型。用推刀切的方法切配成厚 0.2 cm 的片，拼摆成树叶的形状，备用。

(7) 将六成熟的胡萝卜修改成长 4 cm，宽 1 cm 的雨滴型，切片拼摆成正扇面、备用。

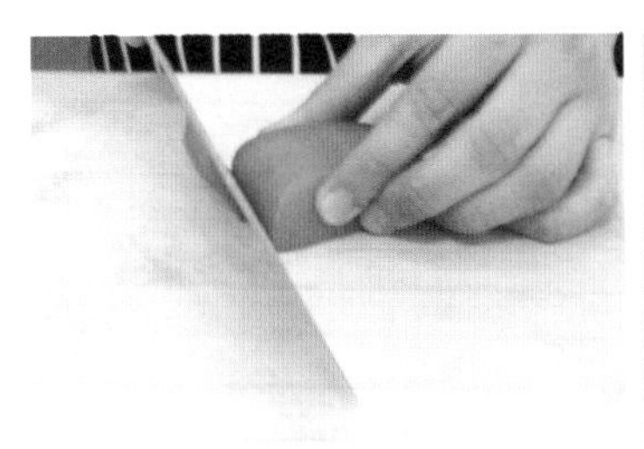  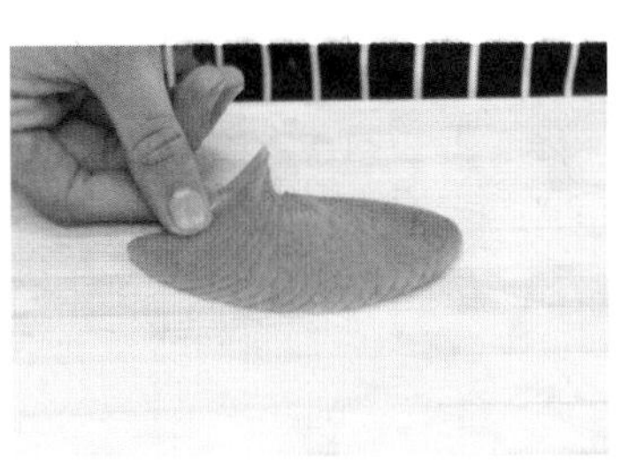

(8) 取少量盐水笋丝放入盘内左侧，先将拼摆好的盐水笋扇面，覆盖在垫底原料上，把小番茄扇面放在盐水笋的左下方，再将方火腿片拼摆出正扇面型，摆在小番茄的下方，小黄瓜扇面，摆在方火腿下方，再将摆好的酱猪肝，摆在盘子的右方偏下位置，最后把熟胡萝卜扇面，拼摆在两侧扇面中间收尾，用小朵西兰花封口，假山部分拼摆完成。

（9）取厚度为 0.5 cm 卤蛋干的深色外皮，用小雕刀刻出两个树枝的形状，摆放于山石上方。

（10）取三个红色小番茄，用小刀切配出长 3 cm，和长 2 cm 的两组小花瓣。

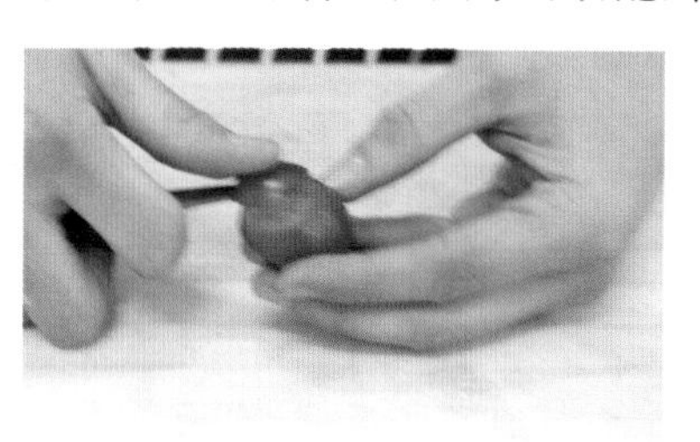

（11）把切配好的花瓣由小及大摆入卤蛋干刻好的花枝中间，呈小花状即可。

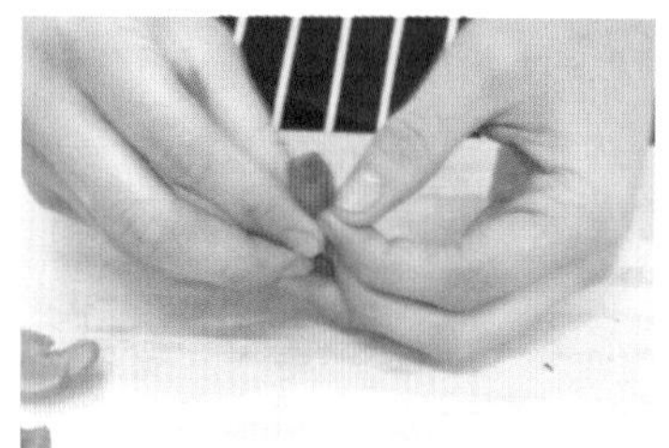

（12）用梳子刀的刀法把小黄瓜的外皮切成树叶型，把小番茄的外皮切成小花苞的形状，进行点缀，完成作品。

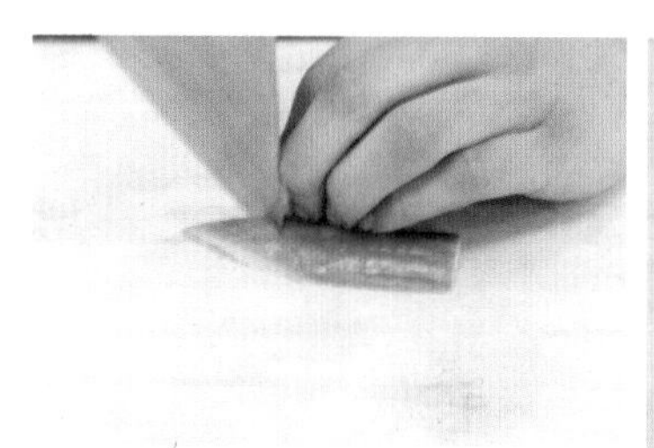

（13）卫生清理。将剩余的原料用保鲜膜包好，放入保鲜冰箱中，清理砧板，清理刀具，清理操作台卫生。

效果超越

请同学在课后利用本节课制作例食冷菜拼摆的技术，根据不同需求制作造型不同的锦绘拼盘。

任务四　制作例食冷菜拼摆——《步步登高》

学习目标

1. 知识：根据不同宴席主题合理制作例食冷菜拼摆。掌握制作例食冷菜拼摆的卫生要求。

2. 技能：通过教师、同学及网络的帮助，感受实际工作中例食冷菜拼摆制作的一般工作流程，学会表达解决问题的过程和方法。

3. 态度：培养学生卫生意识，熏陶学生的美感，以及提升团队协作能力。

效果展示

冷菜厨师小张接到餐饮部送来的订单，为某包房洽谈合作成功的客人制作例食冷菜。为凸显主题小王选择制作例食冷菜拼摆——《步步登高》。

效果分析

（1）切配各种原料要薄厚、大小均匀一致。

（2）掌握各原料在盘中拼摆的布局，拼摆要紧密，造型成阶梯状。

（3）成品色彩搭配丰富饱满。

相关知识

为让宾客满意，并且顺利地完成本任务，应明确制作例食冷菜拼摆所使用的用具、原料，并熟悉相关技术要求。

（一）用具

例食冷菜拼摆专用刀、例食冷菜拼摆专用砧板、8 寸平盘、专用手巾板以及废料盆。

（二）原料

小黄瓜、心里美萝卜、煮胡萝卜（六分熟，便于刀工切配）、西兰花、盐水笋、红黄小番茄、卤蛋干、酱猪肝、熏里脊、水煮虾。

（三）制作例食冷菜拼摆的卫生要求

（1）冷菜拼摆间必须做到专人、专室、专工具、专消毒、单独冷藏。

（2）操作人员严格执行洗手消毒规定，洗涤后用 70% 浓度的酒精棉球消毒；操作中接触生原料后，在切制冷菜或接触与成品相关器皿、工具之前必须再次消毒；使用卫生间后必须再次洗手消毒。

（3）冷菜拼摆装盘出品，员工必须戴口罩操作，不得在冷菜间内吸烟、吐痰。

（4）冷菜拼摆专用刀具、砧板、抹布用前要消毒，用后要清洗。

（5）盛装冷菜拼摆的盛器必须专用，并做到用前要消毒，用后要清洗。

（6）冷菜拼摆间生产操作前必须开启紫外线消毒灯 15~20 min 进行消毒杀菌。

技能训练

原料切配

1. 梁

将熟胡萝卜去掉外皮，用滚刀片的刀法片出长 20 cm，宽 10 cm，0.3 cm 薄的大片，再用小雕刀刻出两个三角形，最后用 U 型刀在片上转出圆孔进行装饰。

2. 卤蛋干造型

将卤蛋干修成长 2.5 cm，横截面 1 cm^2 的长方体，三个为一组交错叠在一起，叠 5 层，最上层放一块卤蛋干收尾。

3. 盐水笋造型

将盐水笋的肉，用推刀的刀法，修成月牙形，一条直边，一条弧线，切成 0.2 cm 的厚片，拼摆出风帆的造型。

4. 熏里脊造型

取熏里脊的一块，呈三角形，直刀切成 0.2 cm 的片，摆出山包的造型。

5. 心里美萝卜造型

用直刀法将带皮的心里美萝卜修成长 4 cm、宽 3 cm、高 3 cm 的半边梯形，再用上片的方法片成 0.5 cm 的片，拼摆成阶梯状。

6. 酱猪肝造型

取猪肝的边缘，直刀切成长 3 cm 的三角料型，再用推刀法切片，拼摆出扇面的形状。

注意事项：胡萝卜滚刀片片不应过薄，不易塑性，两个胡萝卜片的凹面相反，摆在盘子应该成 S 形，这种例食冷菜拼摆，选用原料应是原料本身的形状，所以要掌握好取料的形状和大小。

效果达成

（1）取 10 cm 长的胡萝卜，用滚刀片的刀法片出长 20 cm、宽 10 cm、厚 0.3 cm 的大片，再用刀尖划出两片大小不同的三角形片，用 U 型刀在三角片上钻出圆孔进行装饰。

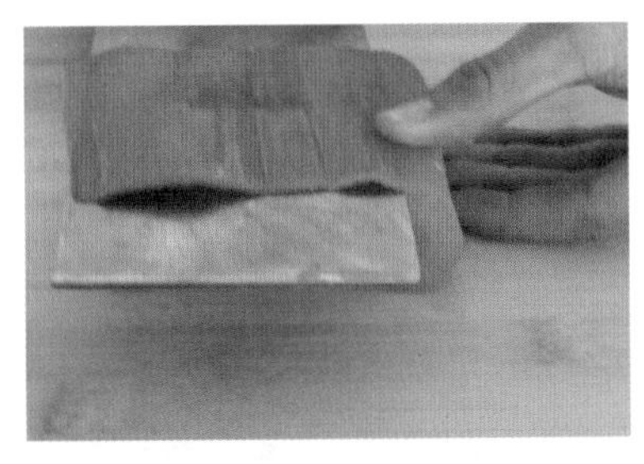
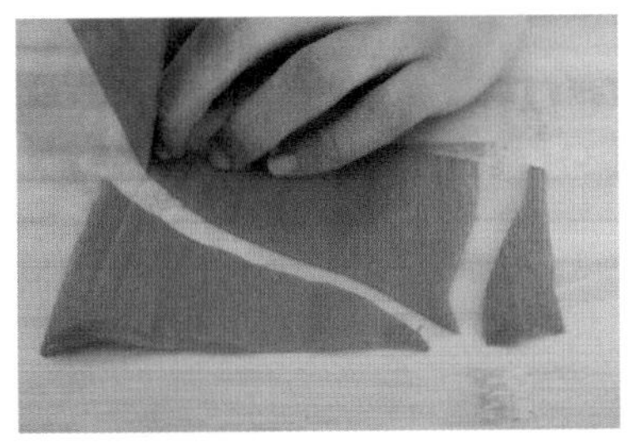

（2）取小黄瓜的外皮，一大一小，用梳子刀的刀法切成两个树叶型。

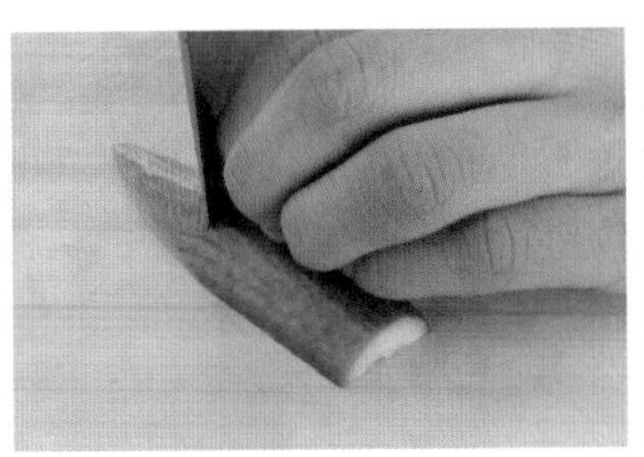

（3）将卤蛋干修成长 2.5 cm，横截面 1 cm^2 的长方体，三个为一组交错垒在一起，垒 5 层，最上层放一块卤蛋干收尾。

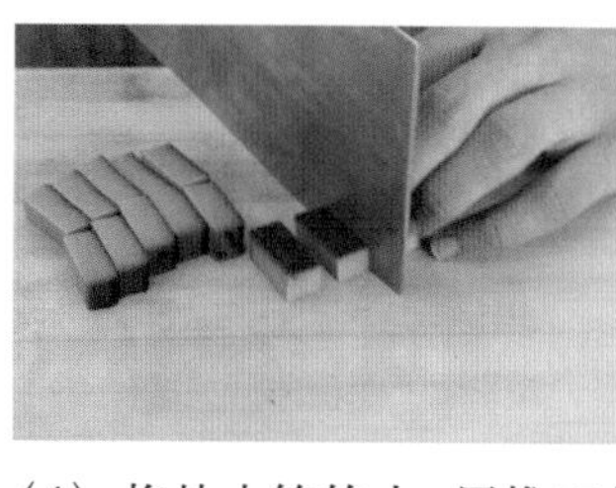  

（4）将盐水笋的肉，用推刀的刀法，修成月牙形，一条直边，一条弧线，切成 0.2 cm 的厚片，拼摆出风帆的造型。

（5）取一块熏里脊，呈三角形，直刀切成 0.2 cm 的片，摆出山包的造型。

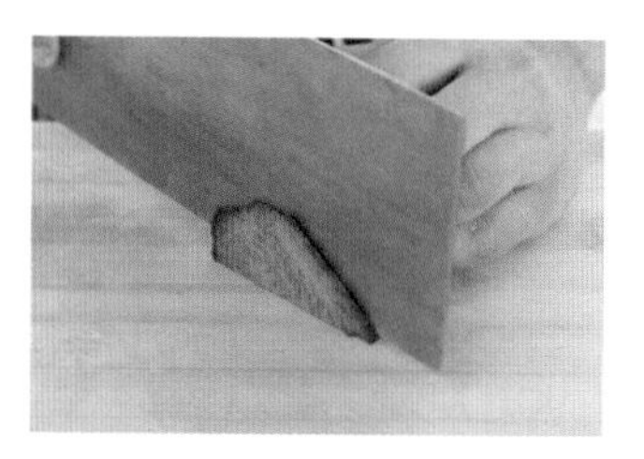 

（6）用直刀法将带皮的心里美萝卜修成长 4 cm、宽 3 cm、高 3 cm 的半边梯形，再用上片的方法片成 0.5 cm 的片，拼摆成阶梯状。

（7）用红、黄小番茄各切 4 瓣，摆成麦穗状。

（8）取猪肝的边缘，直刀切成长 3 cm 的三角料型，再用推刀法切片，拼摆出扇面的形状。

（9）拼摆时呈由后向前的阶梯状，把熟胡萝卜梁放在盘子中间，把小黄瓜造型竖立于大胡萝卜三角片顶端，卤蛋干造型放于两个胡萝卜三角片中心接缝处，并紧靠小黄瓜，将盐水笋造型放于荷兰瓜与卤蛋干造型中间，熏里脊造型放在盐水笋造型前方，心里美造型放在熏里脊造型前方，左侧造型拼摆完成。

（10）将拼摆好的麦穗状小番茄摆在大胡萝卜三角片右后方，之后将西兰花摆在小番茄的旁边，并用盐水虾段围住，将酱猪肝小头搭在西兰花上，扇面向外，并用长 5 cm，高 0.5 cm 的小黄瓜夹刀片进行点缀。作品完成。

（11）卫生清理。将剩余的原料用保鲜膜包好，放入保鲜冰箱中，清理砧板，清理刀具，清理操作台卫生。

效果超越

请同学在课后利用本节课制作例食冷菜拼盘的技术，根据不同需求制作造型不同的例食拼盘。

项目二

制作花式冷菜拼摆总盘

任务一　制作花式冷菜拼摆总盘——《国色天香》

学习目标

1. 知识：根据不同宴席主题合理制作艺术冷菜拼摆，掌握制作艺术冷菜拼摆的选料、刀工切配、造型设计、拼摆的原则。

2. 技能：通过教师、同学及网络的帮助，感受实际工作中花式冷菜拼摆制作的一般工作流程，学会表达解决问题的过程和方法。

3. 态度：培养学生卫生意识，熏陶学生的美感，以及提升团队协作能力。

效果展示

艺术冷菜拼摆一般多用于筵席，而筵席种类繁多，要根据筵席的主题和形式来构思。如婚宴可用“喜鹊登梅”，寿宴可用“松鹤献桃”，迎送宾客可用“百花齐放”等图案，这样对活跃筵席的气氛会收到良好的效果。

效果分析

（1）制作之前一定要对整体进行布局构思。

（2）切配各种原料要薄厚均匀一致。

（3）成品色彩搭配丰富，突出主题。

（4）掌握花型的拼摆方法，使其活灵活现。

相关知识

（一）用具

冷菜拼摆专用刀、冷菜拼摆专用砧板、16 寸圆盘、专用手巾板以及废料盆。

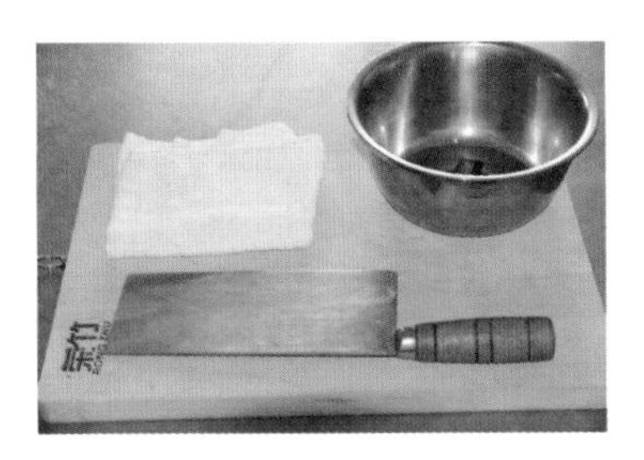

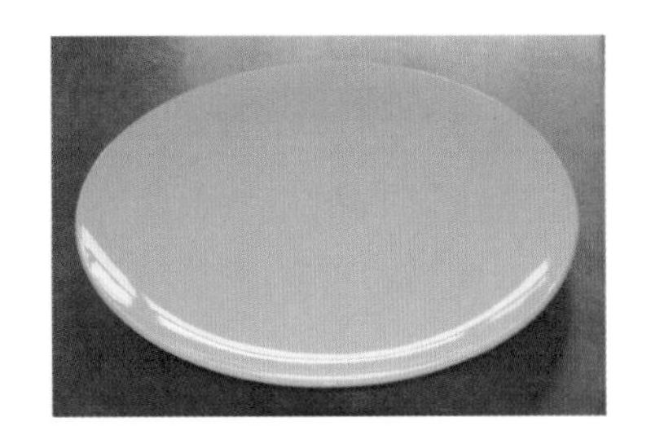

（二）原料

琼脂冻（白、粉），鸡肉卷（黑、绿、白）、酱猪肝、盐水方火腿、蒜蓉香肠、小黄瓜、牛腿南瓜、水煮胡萝卜、心里美萝卜、蒜薹、盐水虾、白萝卜卷、土豆泥。

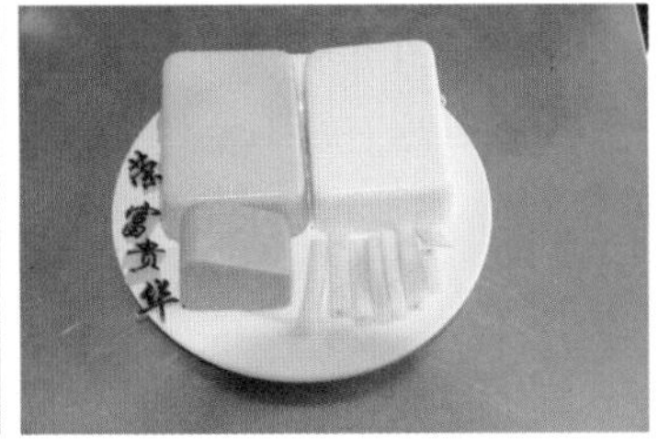

（三）白色琼脂冻制作

原料：干琼脂。

辅料：植物淡奶油。

制作方法：

（1）将 200 g 干琼脂放入盛有清水的瓷碗中进行涨发，根据季节不同涨发时间不同，夏季涨发 2 h，冬季涨发 1.5 h。

（2）将涨发好的琼脂避去水分，放入开水锅中蒸化。

（3）蒸化后加入 200 g 淡奶油，搅拌均匀至相互融合。

（4）将搅拌蒸好的琼脂和淡奶油溶液放入平盘中自然冷却即可。

保存方法：用保鲜膜封好放入温度为 2℃的冷藏冰箱中。

技能训练

（一）山石

1. 原料成型

熏里脊用推刀的刀法修成长 5 cm，宽 1.5 cm 的雨滴型，再切成 0.2 cm 薄片。熟胡萝卜、心里美萝卜用推刀的刀法修成长 4 cm，宽 2 cm 的雨滴型，再切成 0.2 cm 薄片。方火腿、酱猪肝用推刀的刀法修成长 5 cm，宽 2 cm 的雨滴型，再切成 0.2 cm 薄片。

2. 拼摆方法

蒜蓉香肠直刀切成 0.2 cm 薄圆片，拼摆出山石顶端呈问号的形状，放在山石顶端上。把切好的酱猪肝拼摆成正扇面的形状，摆在山石的最右端。小黄瓜斜刀切成 0.2 cm 薄椭圆片，拼摆成重心偏右的扇面，摆在蒜蓉香肠与酱猪肝的中间。将白色鸡肉卷、绿色鸡肉卷、熟胡萝卜、黑色鸡肉卷、熏里脊切好的片拼摆出大小相同的正扇面，扇面中心偏左依次重叠摆在山石左下端。再将切好的心里美萝卜、方火腿拼摆成较大的扇面，依次摆在熏里脊后端，方火腿收尾。

注意事项：根据不同的山石位置采用不同大小的原料和不同拼摆手法的扇面，拼摆的密度为 0.2 cm。注意山石的紧密程度。

（二）花朵

1. 花心

把牛腿瓜切成长 15 cm，宽 4 cm，0.1 cm 薄的大片，用梳子刀的刀法切到片的三分之二处，用盐水腌制，从较小的一端用手卷成圆柱形，用手塑形即可。

2. 花瓣

把制作好的琼脂冻用推刀的刀法修成 4 个长度不同的雨滴型，长度分别为 3 cm、4 cm、5 cm、6 cm 宽，1 cm 的 4 个料型，再用拉刀的刀法切成 0.1 cm 薄片。把切好的片拼摆出 4 种大小不同密度为 0.2 cm 的正扇面花瓣形，用刀将花瓣的根部切平，将制作好的花瓣拿在手上进行塑形，显出花瓣的弧度，取适量土豆泥，将塑好形的花瓣正面顶着花心背面用土豆泥垫住，将花瓣与花心固定，同样的手法将花瓣从花心摆起从小到大摆出 4 层，形成盛开的花朵的形状。

注意事项：注意花的结构，花瓣有大有小，从花心向外花瓣越来越大，所有花瓣冲向花心，花瓣的组装要紧密。

（三）蝴蝶

把南瓜用推刀刀法切成长 3 cm，宽 1 cm 的雨滴型，再切成 0.1 cm 薄片，将白色琼脂冻用推刀的刀法切成长 2.2 cm，宽 0.8 cm 的雨滴型，再切成 0.1 cm 薄片，将心里美萝卜用推刀的刀法切成长 2 cm，宽 0.6 cm 的雨滴型，再切成 0.1 cm 薄片，用三种原料拼摆出三个大小不同的三组蝴蝶翅膀的形状，由大到小叠在一起，根部相连。蝴蝶的身体选用蒜薹制作，将三个蝴蝶翅膀按顺序摆在身体的上端即可。

注意事项：一定要将蝴蝶翅膀的三种颜色展现出来。注意拼摆过程中层次的体现，避免蝴蝶形状不美观。

效果达成

（1）把蒸好的土豆碾成泥放入盘中塑出山石地形状垫底。

（2）将蒜蓉香肠、原味鸡肉卷（白）、菠菜味鸡肉卷（绿）、紫菜味鸡肉卷（黑）、小黄瓜斜刀切成厚度 0.2 cm 的椭圆片，并拼摆成重心不同的扇面。

（3）将胡萝卜、心里美萝卜修成长 4 cm、宽 2 cm 的水滴形状，推刀切成 0.2 cm 的片，再拼摆成扇面形状，备用。

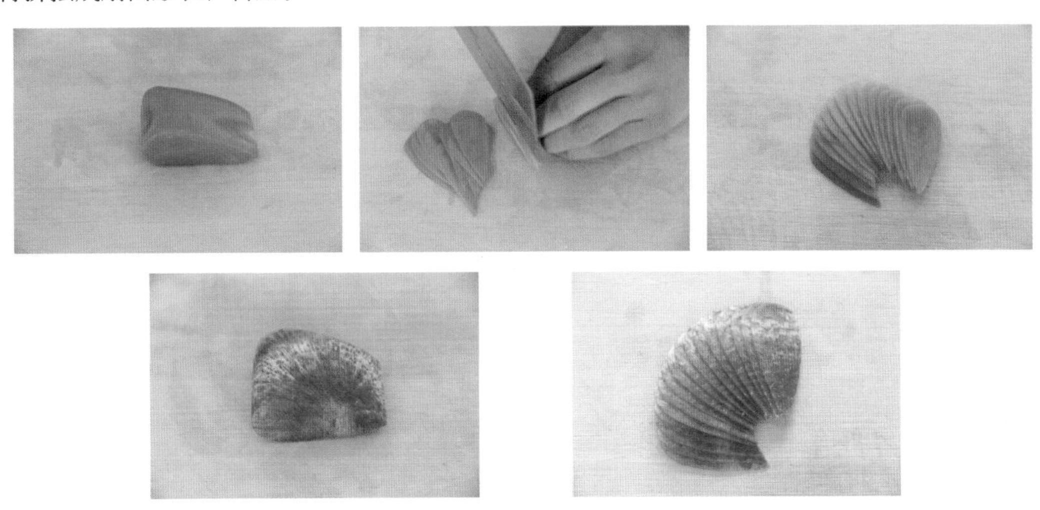

（4）将猪肝、熏里脊、方火腿修成长 5 cm、宽 1.5 cm 的水滴形状，推刀切成 0.2 cm 的片，再拼摆成扇面形状，备用。

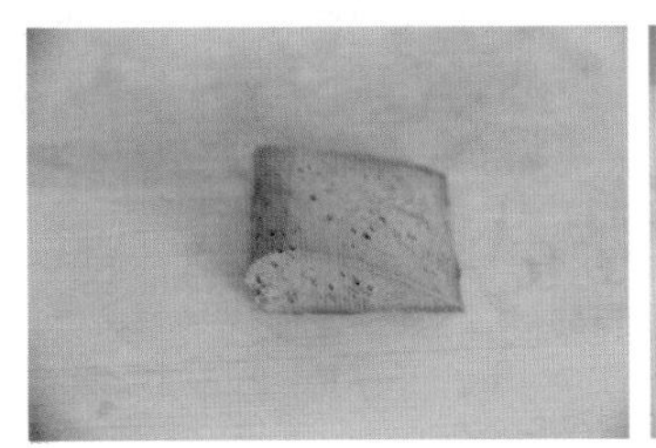

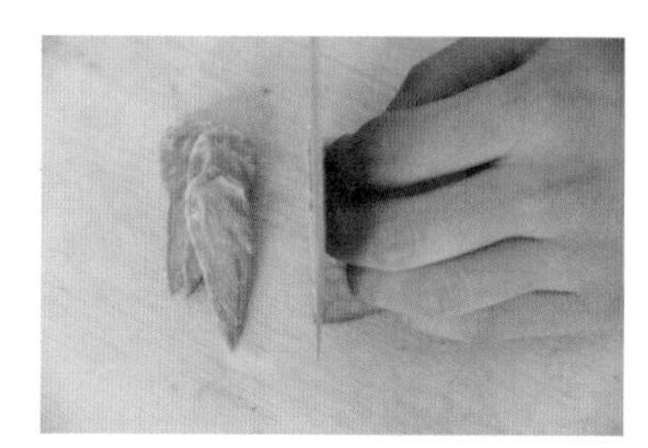

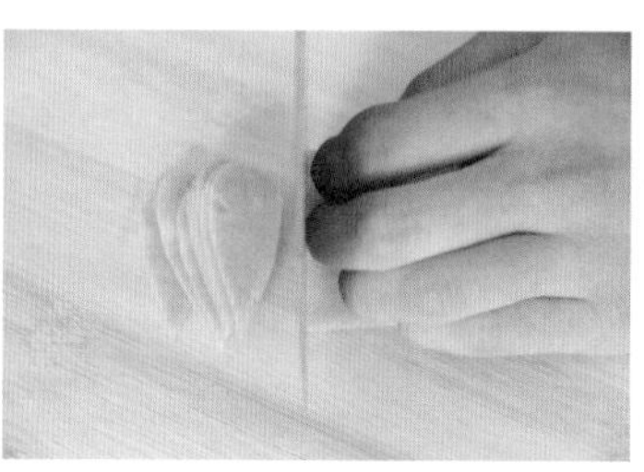

（5）拼摆山石过程：将拼摆好的蒜蓉香肠放在用土豆泥塑好形的山石顶端。把酱猪肝正扇面摆在用土豆泥塑好形的山石最右端。小黄瓜扇面摆在蒜蓉香肠与酱猪肝的中间。将黄色鸡肉卷、绿色鸡肉卷、熟胡萝卜、黑色鸡肉卷、熏里脊扇面，扇面中心偏左依次重叠摆在山石左下端。再将切好的心里美萝卜、方火腿拼摆成较大的扇面，依次摆在熏里脊后端，方火腿收尾，并用盐水虾及白萝卜卷进行填充点缀，山石部分完成。

（6）取蒜薹用小刀划出花枝摆放在山石上部。

（7）取牛腿南瓜梯形片，利用梳子花刀切配横面一侧，切好后由小头向大头卷起成花心，备用。

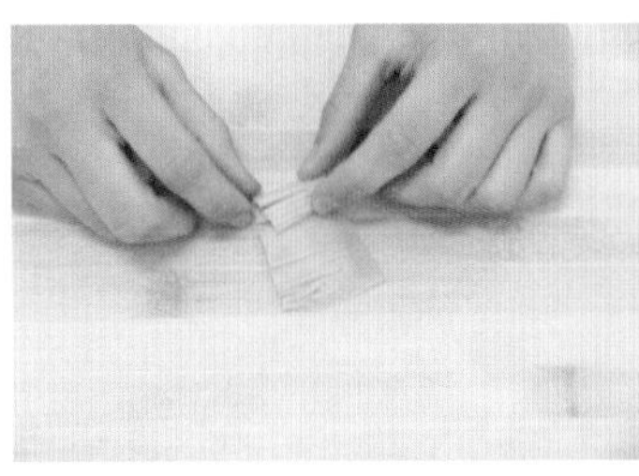

（8）取奶油味琼脂冻，将其用推刀的刀法修成 4 个长度不同的雨滴型，长度分别为 3 cm、4 cm、5 cm、6 cm，宽 1 cm 的 4 个料型，再用拉刀的刀法切成 0.1 cm 薄片。

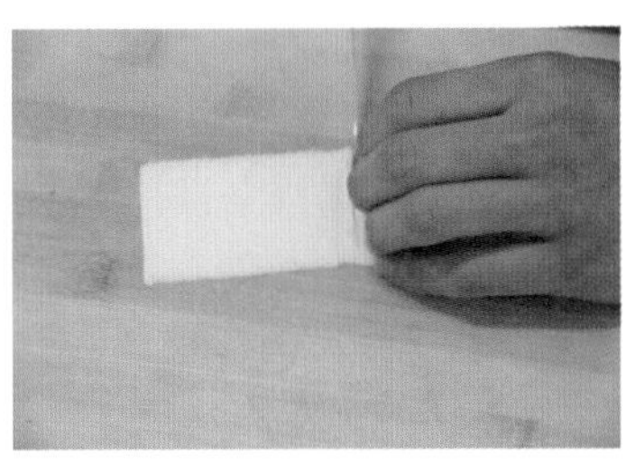

（9）把切好的片拼摆出 4 种大小不同密度为 0.2 cm 的正扇面花瓣形，用刀将花瓣的根部切平，将制作好的花瓣拿在手上进行塑形，显出花瓣的弧度，取适量土豆泥，将塑好形的花瓣正面顶着花心背面用土豆泥垫住，将花瓣与花心固定，同样的手法将花瓣从花心摆起从小到大摆出 4 层，形成盛开的花朵的形状。用同样的方法制作出粉色的花朵。

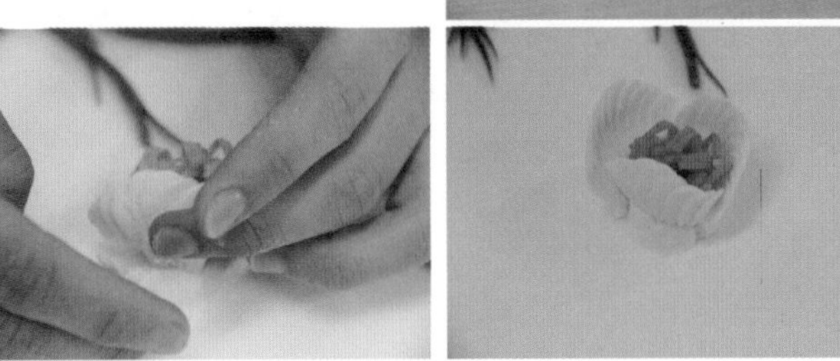

（10）取牛腿南瓜、奶油味琼脂冻、心里美萝卜依次修成长 3 cm、2.5 cm、2 cm，宽 1 cm、0.8 cm、0.6 cm 的水滴料型，用推刀法分别切成 0.1 cm 的片，将三种原料依次拼摆三个翅膀形扇面，将三个扇面叠加摆放即成蝴蝶翅膀。用蒜薹制作成蝴蝶身子，蝴蝶须子、尾玲用胡萝卜制成，完成蝴蝶制作。

（11）用相同的方法拼摆另一只蝴蝶，并整理作品，作品完成。

效果超越

请同学在课后利用本节课制作例食冷菜拼摆的技术，根据不同需求制作造型不同的例食拼盘。

任务二　制作花式冷菜拼摆总盘——《秋趣》

学习目标

1. 知识：根据不同宴席主题合理制作花式冷菜拼摆。掌握制作花式冷菜拼摆的选料、刀工切配、造型设计、拼摆的原则。

2. 技能：通过教师、同学及网络的帮助，感受实际工作中花式冷菜拼摆制作的一般工作流程，学会表达解决问题的过程和方法。

3. 态度：培养学生卫生意识，熏陶学生的美感，以及提升团队协作能力。

效果展示

花式冷菜拼摆亦称花色拼盘、象形拼盘、艺术拼盘等。从本意理解，即花色指形状和颜色，冷盘指食用的盘面。也就是说艺术冷菜拼摆是用各种质优、味好、色艳的原料，经过刀工处理成为美观、可食的盘式。

效果分析

（1）作品垫底塑形要比例协调准确。

（2）掌握好作品各个部分的比例。

（3）刀工修改切配料型要均匀一致。

（4）成品色彩搭配丰富，突出主题。

相关知识

（一）用具

冷菜拼摆专用刀、冷菜拼摆专用砧板、40 cm × 70 cm 长方形圆盘、专用手巾板以及废料盆。

（二）原料

鸡肉卷（白，绿，黑）、西兰花，蒜薹、熟心里美萝卜、熟胡萝卜（六分熟，便于切配）、小黄瓜、牛腿南瓜、白萝卜、蒜蓉香肠、白萝卜卷、土豆泥。

（三）鸡肉卷的制作

原料：鸡胸脯肉 500 g、鸡蛋。

辅料：淀粉、盐、蛋清、葱姜水。

用具：电动搅拌机、蒸锅、保鲜膜。

制作过程：

（1）将鸡肉切成小块，放入电动搅拌机内打碎。

（2）在绞碎的鸡肉内依次加入蛋清、葱姜水、盐、淀粉搅打成泥。装入裱花袋中备用。

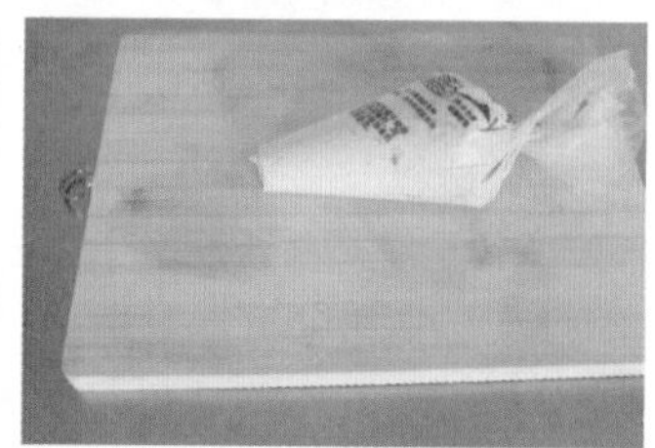

(3) 将鸡蛋打散制作成蛋皮，并修成长方形备用。

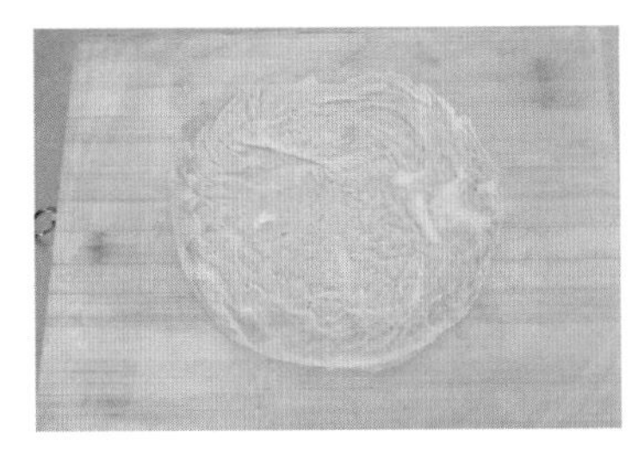
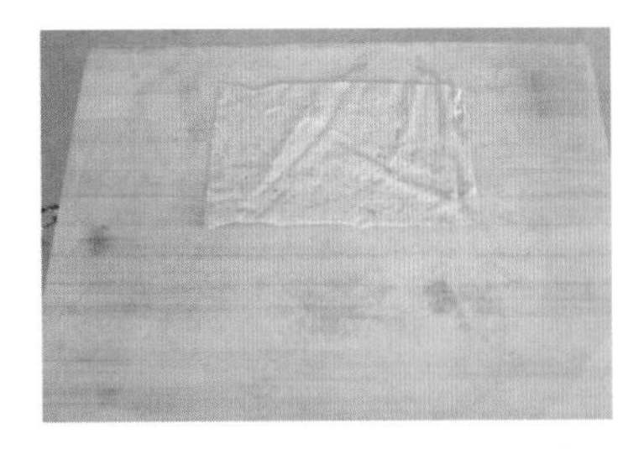

(4) 将装入裱花袋的鸡肉泥挤在蛋皮上呈圆柱形，并用蛋皮包裹。用保鲜膜包好定型备用。

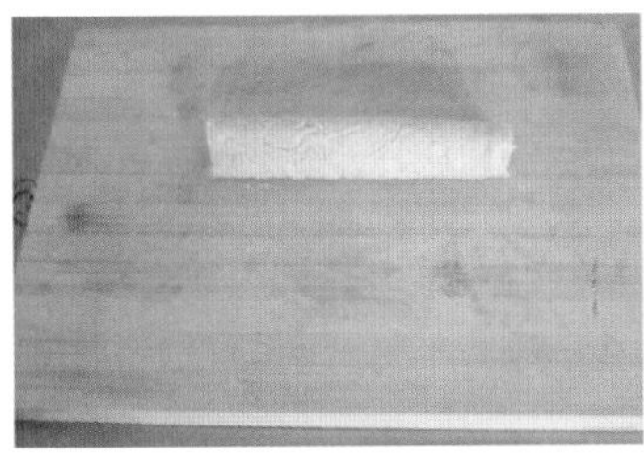
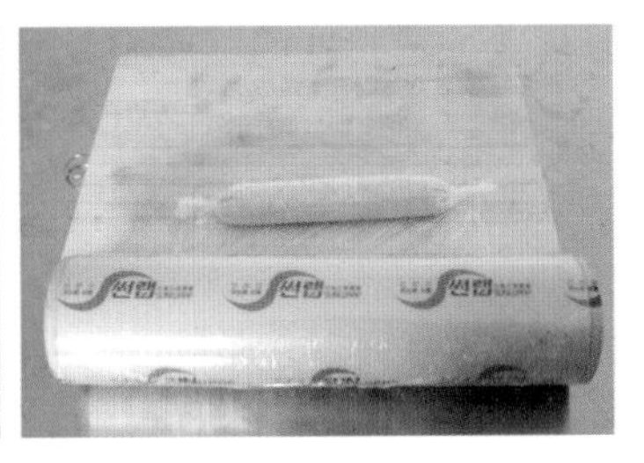

(5) 将定型的鸡肉卷上蒸锅蒸熟，自然冷却后，方可使用。

技能训练

(一) 山石

1. 原料切配

将原味鸡肉卷、蔬菜味鸡肉卷、鲜味鸡肉卷直刀切成 0.2 cm 薄片，将蒜蓉香肠、荷兰瓜斜刀切成 0.2 cm 椭圆形薄片，胡萝卜直刀切成 0.2 cm 圆形薄片。

2. 拼摆

将切好的原味鸡肉卷拼摆出大扇面，摆放在山石最左侧顶端，再用切好的蔬菜味鸡肉卷拼摆出小扇面，摆放在原味鸡肉卷的左下方，再将切好的鲜味鸡肉卷拼摆出与原味鸡肉卷大小相仿的正扇面，向左倾斜摆在蔬菜味鸡肉卷的下方。之后将切好的蒜蓉香肠椭圆形片拼摆出长条型的扇面，右侧向上摆在鲜味鸡肉卷的下方，再拼摆出一个原味鸡肉卷的大扇面，摆放在山石的中间顶端，再拼摆出一个鲜味鸡肉卷的正扇面，摆放在原味鸡肉卷的左下角，再将切好的胡萝卜圆片，拼摆出较长的正扇面，摆放在原味鸡肉卷的右侧，再将切好的蔬菜味鸡肉卷拼摆出正扇面，摆放在鲜味鸡肉卷的左下侧，再将切好的荷兰瓜椭圆片拼摆出较长的扇面，摆放在胡萝卜片下方，再用原味鸡肉卷拼摆出小扇面摆放在蔬菜味鸡肉卷和小黄瓜的中间，最后用切好的圆片蒜蓉香肠拼摆出两个小扇面放在山石的中间最下端，中间用西兰花点缀。

注意事项：注意拼摆时扇面的密度均匀为 0.2 cm，每个扇面都要拼摆出饱满的弧线。

（二）中腿南瓜

1. 塑形

取一块适量的土豆泥，先用手塑成扁圆形，从扁圆形的上面用眼睛平均分成六份，用手塑将每两个南瓜瓣中间的缝隙塑出来，缝隙较深，每个南瓜瓣都是饱满的馒头形。

2. 上面

用推刀切的刀法，把熟胡萝卜、中腿南瓜修成大小相同的一条直边和一条弧线的月牙形料型，长 6 cm，高 1 cm，用拉刀的方法切成 0.1 cm 薄片，取一段熟胡萝卜片，用手将其平推开，上到南瓜形的一个瓣上，充分包裹这一个南瓜瓣，同样的手法将南瓜片也上到胡萝卜相邻的下一个瓣上，颜色交错地将整个南瓜形包裹住，最后用提前刻好的南瓜蒂组装在南瓜顶端。

注意事项：在塑形时一定要先塑出扁圆形，南瓜形凹凸要明显，每个南瓜瓣大小要一致，上片时要充分包裹，不要露出塑形原料。

（三）树叶

1. 塑形

取一块适量的土豆泥，先用手将土豆泥塑出一个与案板成 45° 角的斜面，再用小雕刀将斜面刻出叶子的形状，将多余的废料去掉，再用手握出树叶中间的纹路，将树叶塑成稍稍向后弯曲的形状。

2. 上面

取一块心里美萝卜，用推刀的刀法修成长 3 cm 宽 1 cm 的雨滴料型，再切成 0.1 cm 薄片，一个树叶型分两次上面，一次拼摆出树叶形的一半，拼摆出树叶的中间纹路处，两次将整个树叶拼摆出来。

注意事项：树叶塑形一定要有向后弯曲的弧度，中间纹路要深，树叶的三个瓣中间的瓣最大，两侧的较小，体现出树叶的精巧。

效果达成

（1）将蒸制好的土豆碾成泥，放入盘中左下角部位塑形，做山石垫底。

（2）将原味鸡肉卷、蔬菜味鸡肉卷、鲜味鸡肉卷利用直刀法顶刀切成 0.2 cm 的片，再拼摆成重心不同的扇面备用。

（3）蒜蓉香肠、小黄瓜、熟胡萝卜利用直刀法斜刀切成 0.2 cm 的片，再拼摆成重心不同的扇面备用。

（4）原味鸡肉卷扇面，摆放在山石最左侧顶端，蔬菜味鸡肉卷扇面，摆放在原味鸡肉卷的左下方，再将鲜味鸡肉卷正扇面，向左倾斜摆在蔬菜味鸡肉卷的下方，之后蒜蓉香肠长条型的扇面右侧向上摆在鲜味鸡肉卷的下方，再用原味鸡肉卷扇面，摆放在山石的中间顶端，再用鲜味鸡肉卷的正扇面，摆放在原味鸡肉卷的左下角，胡萝卜扇面，摆放在原味鸡肉卷的右侧。蔬菜味鸡肉卷扇面摆放在鲜味鸡肉卷的左下侧，小黄瓜扇面摆放在胡萝卜片下方，再用原味鸡肉卷拼摆出小扇面摆放在蔬菜味鸡肉卷和小黄瓜的中间，最后用蒜蓉香肠拼摆出两个小扇面放在山石的中间最下端，中间用西兰花点缀。利用白萝卜卷填充山石空缺处，制作两块小山石放在盘子的右下方，使山石左右呼应，山石部分制作完成。

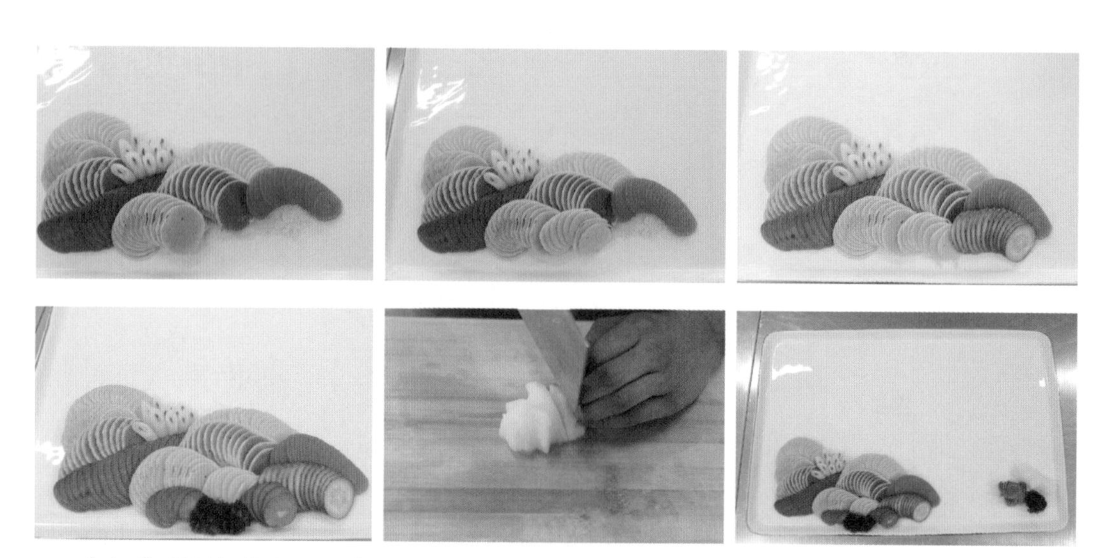

（5）将蒸制好的土豆碾成泥，用手捏成南瓜造型、树叶造型放入盘中，并配以蒜薹制作的枝干，衡量整体效果。

（6）将中腿南瓜、白萝卜、熟胡萝卜修成大小相同的一条直边和一条弧线的月牙形料型，长 6 cm，高 1 cm，用拉刀的方法切成 0.1 cm 薄片。

（7）取一段中腿南瓜片，用手将其平推开，上到南瓜形的一个瓣上，充分包裹这一个南瓜瓣，同样的手法将熟胡萝卜片也上到南瓜相邻的下一个瓣上，颜色交错地将整个南瓜形包裹住，另一个中腿南瓜片用同样的手法将白萝卜片和胡萝卜片包裹着南瓜形，最后用提前刻好的南瓜蒂组装在南瓜顶端。

（8）取一块适量的土豆泥，先用手将土豆泥塑出一个与案板成 45° 角的斜面，再用小雕刀将斜面刻出叶子的形状，将多余的废料去掉，再用手握出树叶中间的纹路，将叶子塑成稍稍向后弯曲的形状，同样的手法制作出五个大小不同的叶子。

（9）将心里美萝卜、小黄瓜、熟胡萝卜用推刀的刀法修成长 3 cm，宽 1 cm 的雨滴料型，再切成 0.1 cm 薄片，备用。

（10）一个树叶形分两步上面，一次拼摆出树叶形的一半，用切好的心里美萝卜片拼摆出树叶的左半部分，装到树叶形上，再拼摆出树叶的右半部分装到整个树叶形上，两次将整个树叶拼摆出来，用同样的方法制作出五个颜色不同的树叶。

（11）将制作好的树叶摆放在盘子中，进行整体的整理，作品就完成了。

效果超越

请同学在课后利用本节课制作例食冷菜拼摆的技术，根据不同需求制作造型不同的例食拼盘。

模块评价表

配分	项目	考核标准	配分	学生互评得分	教师评价得分
通用项配分（90分）	卫生	合理用料，干净卫生；	20		
	色泽	色泽谐调，赏心悦目	10		
	刀工	刀工均匀，叠排整齐，层次分明	20		
	造型艺术	造型美观，图案造型新颖美观	20		
	食用性	3种以上原料，不同颜色，不同口味的原料，食用性强	20		
特色项配分（10分）	创新性	特色鲜明，作品造型没有出现过	10		
合计			100		
否定项	下列情况出现一项，该实训成绩为“0”分： 1. 使用不能食用的原料或色素。 2. 超时5 min以上。 3. 违反实训室安全规定。 4. 违反职业卫生规范				
质量分析					

附录A　艺术冷拼作品赏析